我如何靠 600美元
打造一間百萬線上商店
電子商務創業指南，帶您逐步邁向財務自由

Ellen Lin /著

目　錄

Content

Ellen Lin 是誰？

1982 年，我出生於台灣的新北市。台灣是個位於中國東南方，一個有著兩千三百萬人口的小島。我們說中文，與中國有著複雜的歷史，但那又是另一個故事了。

大部分遇見我的人會以為我出身中上階級，但事實上，我來自很貧窮的家庭。林爸爸身兼二職，白天他是銷售員，晚上則在餐廳打工，一個月約掙得 900 美元的薪水。林媽媽是在台灣一間大公司當會計——月薪約 166 美元。

根據林媽媽的說法，生下我是個意外……在他們結婚三個月後就懷了我。她說她甚至還沒有機會享受她的人生。

林媽媽去上班時都是背著我搭公車通勤。在她工作地點的後面有間托嬰中心，她工作時我就待在那裡。當時，台灣的工作日是週一到週六。夏日時分，沒有冷氣的公車上永遠滿載乘客，因為那是當時大家唯一負擔得起的大眾交通運輸工具。

我最記得的是總跟我爺爺一起出門（我奶奶也在工作）。爺爺是我童年時期的導師，是我當時生命中最重要的人。爺爺

希望我成為一個「成功的人」（按照傳統的定義，成功意味著好好讀書，然後找個高薪的工作），他還希望我是家中第一個有碩士學位的人。因為我的父母都沒有大學學歷。

所以爺爺在我屆學齡前，就開始訓練我寫字和算數學。他相信預先學習能讓我在學校成為菁英分子。午餐時光，我們會一起收看電視新聞。節目尾聲總會播報股市訊息。我記得我爺爺非常在意那部分，他要我特別注意三支股票。如果那支股票是綠色的，他就會很開心。如果呈現紅色，爺爺的心情就不好了。

電動、日本、我

小時候，我非常熱衷於電玩遊戲。在 80 年代，紅白機在台灣是主要的家用主機平台。我叔叔買了一台給我，因為他也很喜歡電動。他還答應我，如果我期末考能拿到全班前三名，他就買新的遊戲給我，而我真的做到了。這種獎勵機制對我的激勵效果很好。

由於台灣曾被日本殖民，因此我們有很多日本進口的商品，特別是電玩遊戲。我要是有學日文，我就能更懂當時在玩

的遊戲。但林爺爺痛恨日本商品。他記得二次世界大戰時，日本軍隊入侵並轟炸他在中國的家鄉，凡遇人皆格殺勿論。他因此便奔逃來到台灣。現今大部分的台灣人，都有從中國逃來台灣的祖輩。台灣也有一些原住民（相當於美國的印地安人），但人數不多。

我爸爸對美國非常嚮往

幾年的時間很快過去。我媽媽的長姐為她申請美國的居留證，林爸爸認為這是一個大好機會，但他需要得到我祖父母的同意。當爸爸跟他們說的時候，他們非常憤怒。所以林爸爸就打消了移居美國的念頭。

又過了幾年，爺爺開始常常跑醫院。他被診斷得了肺癌。但他一直跟我們說他沒事。1992 年 2 月 22 日，我記得那天是星期天，電話響了。我阿姨接起電話，然後就哭了起來。爺爺走了。

爺爺過世之後，我每天晚上都跟奶奶睡，因為她害怕爺爺的鬼魂會回來。我並不確定她為什麼會害怕。對於爺爺的鬼魂可能會回來這個想法，我一點問題也沒有，因為我真的很想念

他。大約一年後，奶奶因為胃癌過世了。

我們並沒有在那之後馬上移居美國，因為我爸爸需要申請工作簽證。下一年，1994 年，林爸爸隻身前往洛杉磯探訪當地的環境。他馬上愛上了那個城市，決定辭掉他當時的工作，儘快移居到洛杉磯。在那趟旅途中，他研究了一些他有可能在生意上合作的連鎖加盟店和公司。

同時，我過人的記憶力讓我在台灣保持優異的在校成績，為此我依然非常感謝爺爺過去的訓練。我就讀於我家附近的一間中學，大家都知道那裡的學生不太認真。因此成績維持全班前五名對我而言非常容易。凡事只求記憶，不求融會貫通，在台灣的教育體系下，如果你的記憶力很強，你就能得到非常優異的成績。

那時，體罰在學校和家裡是很普遍的。老師會用木棍打學生的掌心。父母可能用任何他們拿到的東西打你。台灣的教育體系像軍隊一樣——如果你做得好，你什麼獎勵都沒有，因為那是你原本就該做到的，但如果你做得不好，就會被處罰。

在聽到丹・佩那（Dan Pena）的訪談前，我一直認為這個教育體系非常糟糕。丹被稱為「500 億美元名人」，目前住在蘇格蘭的城堡中。他用軍事化的風格訓練企業家，強調紀律的

重要性。

　　突然間，我才瞭解我之所以如此有紀律，是因為我在台灣軍事化的教育下成長。當時看來的一場惡夢，從後見之明看來竟成為一種優勢。

新移民

　　1996 年，林爸爸終於得到工作簽證，他辭去在台灣的工作移居美國。在那時候，我並不想要來美國。當時我正值喜歡和同學還有死黨們出去閒晃的年紀。但我沒有選擇，我只能跟著他們去，而且我還哭了。

　　爸爸、媽媽、姐姐跟我，我們把所有家當打包在八個行李箱內，移居到洛杉磯。我只帶了我的超級任天堂跟全部的卡帶，那時候，電玩就是我的生命。林爸爸一切得重新開始。他在一個未知的國家開始了新的事業。剛開始對他而言很不容易，但他在抵達美國前已經做了兩年的功課，而且為他要做的事情擬定了清楚的策略。爸爸是一個很出色的銷售員和企業家，我以他為榮。

　　但當時我在學校過得很辛苦，因為我不太會說英文，也聽

　　　　　　　　│ 我如何靠 600 美元打造一間百萬線上商店 │

不太懂別人說什麼。我沒辦法理解我的作業和報告是什麼。我唯一覺得有趣的是數學課,因為我在台灣已經把他們教的內容都學完了,我不需要聽老師講課就能理解。

在三個月的中學生活後,我進入高中。因為以英語為第二語言(English as Second Language, ESL)的班上,我終於交到朋友了。他們把所有 FOB(菜鳥／剛抵達的新移民)一起上課——英文、歷史,還有其他課程。少數不會按照英文能力安排的是體育課、數學課和選修課。

哇!體育課!沒有人會在課堂上講我的母語,我感覺很疏離。我不懂為什麼美國人要在大家面前換運動服,這在我的文化裡面不存在。還有很多課堂上的團體作業,沒有人會選我當組員,因為我誰也不認識。我沒辦法理解老師跟同學在說什麼,但我知道有些同學在嘲笑我。我在我所會的運動上非常努力,以求優異表現,但這好像讓他們更討厭我了。他們會說一些像是:「天啊,不要這麼認真嘛!」(我當時能聽得懂的部分)。

有一門我非常喜愛的選修課——資訊實驗。我可以課堂上做網頁設計!叔叔給了我一本 HTML 語言教科書,我靠著讀那本書自學。

不久後我很開心我能熟練 HTML 語法，因為目前對我用來架設公司網站很有幫助。

在那段時間裡，我的親戚一直跟我們住在一起。我的表親傑森（Jason）也非常喜歡電玩遊戲，他玩過很多電玩遊戲。我會坐在旁邊看著他。他就是那個影響我日後想要進入電玩產業的人。有一天他在 PS1 上玩《太空戰士 VII》，我被超精緻的角色動畫給迷住了。我當時想：「有一天，我也要創造看起來跟這個一樣棒的東西。」

SAT 挑戰

所有的亞洲父母都希望他們的孩子可以進入加州大學（University of California, UCs）就讀，我的父母也是。我必須考過 SAT I 和 SAT II 才能申請。我父母就跟大部分的亞洲父母一樣，送我去課後加強計畫準備 SAT。他們每天都會發練習題，每週六會有模擬考。我的第一次模擬考考了大概 840 幾分（當時滿分是 1600 分，800 分是數學成績，另外 800 分是英文成績）。沒錯，我在數學拿了 790 分，然後在英文拿了大概 40 分吧。

SAT 指導員告訴我，我這個成績不可能進 UCs。

我需要密集訓練加強英文能力，但我當時完全聽不懂我的老師在說什麼。所以我盡可能記住題庫內的所有問題，在幾年的努力後，我進入聖地牙哥加利福尼亞大學（University of California, San Diego, UCSD）就讀。

我父母非常**開心**！因為我是家中第一個讀大學的人！

他們非常驕傲！我相信我爺爺也會十分以我為傲。

為此我真的卯足了全力！在那時候，我瞭解到我必須非常努力，才能得到我想要的東西。

大學──生活變得更困難

我開始了我在 UCSD 的生活，主修電機。我那時候大概是瘋了吧。

學校的功課比以前更加艱深。我沒辦法應付那個程度的數學，而且學校裡有許多很有實力的天才。我也為了作業讀了很多書，一週大約要唸 100 頁的教科書。無論我多努力嘗試，都做不到。這是我生平第一次覺得自己在學校裡很笨。

所以我放棄在學業上努力──反而迷上 Photoshop，還幫

我的朋友編輯照片。那時候，可以在網路上找到很多破解版的軟體，我可以免費下載和使用。我自學 Photoshop。日後我發現，這是做電子商務時很棒的能力，因為可以編輯商品的照片以及設計網站的圖片。我也愛上打線上遊戲，用學校的數位用戶線路伺服器跑起遊戲非常快，但這下子我的成績更糟了！

在 UCSD，有一個我們得要寫短文才能通過的英文測驗。考試機會只有三次。如果沒考過，就會被 UCSD 踢出去。如果不及格五次，會被所有的加州大學（UCs）拒於門外。有很多在美國出生的亞洲人也無法通過這個考試，這真的嚇壞我了。

我怎麼可能通過一個連流利的英文使用者都沒辦法通過的考試？我聽到很多關於因為沒辦法通過這個考試被踢出學校的故事。如果我真的被踢出去，一定會讓我爸媽蒙羞。我終於下定決心要盡全力通過這個考試。如果我盡了全力還是失敗，那就是命中註定吧。

到目前為止，我真的很討厭學校生活。所有的事情都好困難，沒有任何一個科目是我擅長的。當我上電機系的第一堂必修課——電機 1——我就知道那不是我想要的。我什麼都聽不懂。我退掉了那堂課而且對於自己接下來該要做什麼感到很絕望。

直到大一那年的尾聲，我的室友米雪兒（Michelle）帶來好消息。「欸，你知道我們學校今年有一個**新的**系嗎？我的同學才剛剛告訴我這件事，它叫 ICAM。」

「我不行？」（音近 "I can't"）我回答。

「不是，是指跨領域程式與藝術（Interdisciplinary Computing & the Arts, ICA）」，她說：「跟平面設計之類的有關吧。」第二天我就申請轉系。

大一我依然拿了很糟的成績，而且我還不太確定我在做什麼。但隨著大二生活開始，事情有了轉變。我在宿舍打電動（對，一如既往），我的室友黛娜（Dana）從課堂回來對我大喊：「艾倫，你想不想去日本？」

這個問題點燃了我心中的渴望。**想！我想去！**

我從未去過日本，但我一直都很想去日本！

她告訴我關於學校的交換學生計畫。她說：

「我們一起去吧，我們大三一起去日本讀書**一整年**吧！」

但接著她告訴我申請交換學生的所有門檻：GPA 3.0（我認為我那時候是 2.0 吧）、修過兩年日語（我當時完全沒學過日語）、通過最難的英文測驗（我當時還在 ESL 程度──英

文作為第二語言(English As Second Language)，以及完成所有英文能力要求（兩堂寫作課，但我得先通過英文考試才能修課）。

在那時候，申請日本交換學生對我來說完全不可能。但是我還有兩年符合申請資格的時間，我下定決心一定要實現它。我戒掉打電動，我修課修到學分上限──還上了暑期班。我要盡我所能達成我的目標。

但真的很難，我前兩次的英文測驗沒有通過，但第三次通過了。喔耶！寫作課的教授讓我重修這門課，因為她認為我還沒準備好。好險我趕在去日本前，重修並在暑假通過這門課。但是我的 GPA 只有 2.94。我不符合資格。

我依然走進國際學生中心（International Student Center）看看我的最終成績，想知道我有沒有合乎要求。我還記得當時我有多緊張。我用非常緩慢的速度走向那棟橘色建築。然後**真的，我被錄取了**，我申請的學校──-東京的上智大學（Sophia University）錄取我了。更棒的是，我的室友黛娜也被錄取了。

這不是靠運氣。**這是我爭取來的**，我靠著努力並一一達成我以為自己永遠做不到的目標。我一直以為我會因為無法通過英文測驗而被 UCSD 踢出去。但是我**做到了**！而且**我要去**

日本了，第一次去日本，

　　整整一年。在那時候，我完全相信我可以透過努力達成任何事情。我想這段學校經歷建立起我的創業家思維，即使我當時並沒有認真思考未來職業生涯的事情，我鎖定的事情只有——去日本！

日本

　　在日本讀書是我努力的獎賞。我在 2003 年 7 月 1 日抵達成田機場（Narita Airport）。東京很有趣，有很多很酷的地方可以去參觀。但兩個月之後，我開始想家了。這是我第一次離家這麼久（我在大學時每個週末都從聖地牙哥開車回家）。我想念我媽媽、我想念我家、我想念我的書桌，還有我的朋友們⋯⋯我現在依然記得那個感覺。

　　七月熱得令人難以忍受，我們的宿舍沒有空調，我可以聽見蟬鳴。宿舍走廊上有一台綠色的公用電話，所以我投入硬幣打回家。那是第一次我告訴媽媽我有多想她。對，我想家想得很嚴重。

　　雖然我已經學了好幾年日文，我還是沒辦法完全理解。

《愛情不用翻譯》這部電影恰恰描繪出我當時的心情寫照。那是一個刺激的城市，總是有新鮮事正在發生，我永遠不會感到無聊，卻一直覺得很孤單。

即使如此，我在日本度過了一段真的很美好的時光。如果不考慮語言帶來的溝通問題，那裡真的很讓人放鬆，沒有什麼壓力。我會說那是我進入企業家生涯之前最好的一年。正在讀這本書的讀者，如果你是大學生或你有孩子正在讀大學，我極力推薦你或你的小孩申請交換學生。那是我最棒的經驗，那段經歷以我沒有想過的方式幫我準備面對接下來的挑戰。

在這裡學到的一課是關於成功與失敗、恐懼與努力、迎接成功與身處孤獨——最重要的是發現我所有的經驗往後都會有回報。

回到學校——是時候想清楚長大後要成為什麼樣的人了。

我懂網頁設計，所以我想過成為一名網頁設計師。但是我也注意到，有一大群人在做一樣的事情。我得讓自己成為利基（niche），找到自己的價值，才會被重視。（從我還在大學時，我就有「利基」這個概念）。我決定要成為遊戲開發師，有一天我想進入史特威爾艾尼克斯（Square Enix），加入《太空戰士》的製作團隊。我依然無法完全忘懷這個夢想，我很希

望能以某種形式讓它成真。

我花了幾個月學習基礎的 3D 藝術創作，然後在 UCSD 找到 3D 設計師的實習機會。我幫一部學生電影做了一個角色的 3D 設計。我決定無論如何我都要讀研究所，因為那是我爺爺在世時希望我做的事情。我得要讓他以我為榮！

基於對遊戲開發的興趣，我申請了舊金山藝術大學（Academy of Art University）。我申請了線上課程，這樣我就能一邊工作，一邊讀碩士。畢業前幾個星期，我接到我朋友伊旺（Evan）的電話。他當時在美商藝電（EA Games）擔任遊戲測試員，他也知道我熱愛遊戲開發的工作。他說他們有一個遊戲測試員的職缺，問我有沒有興趣？

遊戲測試員是短期的工作，可能在七、八個月後我就會被裁員。但他說我可以利用這個機會，當做進入遊戲產業成為一名 3D 藝術師的墊腳石。我去面試──我在大公司的第一次正式工作面試。我真的很緊張。在面試那天，我開了兩個小時的車到位於洛杉磯的美商藝電。面試分成兩個部分，第一部分是筆試。如果我沒有通過筆試，就無法參加面試。幸好我通過了。

我被帶到一個小房間，裡面有兩位面試官。他們問我至少

10個問題，有些問題我不知道怎麼回答。我真的很緊張，我以為我表現得很差。我這麼在意這個工作，面試怎麼能不準備？我開車回家，而月覺得非常沮喪。

小睡一下之後，我傳簡訊給伊旺，告訴他我在面試表現得很差。他告訴我他會確認最後的結果。當他跟我說我被錄取時，我非常驚訝。隔天，我接到正式的電話通知，要我從2005年6月13日開始工作，就在我畢業後沒幾天。

成為一名遊戲測試員是每個玩家的夢想──可以整天打電動還有薪水可領，但是這個工作一點也不有趣。我們的工時很長，一週 70 個小時，盯著電腦，玩同一個程度的遊戲，重複一樣的事情，記錄遊戲錯誤，修正錯誤。重複一次又一次。

每三到五個月，我們就會有一個新的遊戲計畫，再次重複一樣的工作內容。我的名字在工作人員名單上讓我覺得很興奮。這個工作對我來說很容易，因為我動作很快，我是整層樓200 多個測試員中最優秀的測試員之一。一般人平均一天找到3 個錯誤，我一天大約可以找到 20 個錯誤。在七個月之後，差不多是我預期被裁員的時間了，美商藝電決定從 10 個最頂尖的除錯測試員中，選 5 名的測試員成為正式員工。我成為他們其中之一──資深測試員。

3D 藝術師

在一年半後，我完全被這個工作消耗殆盡了。我知道如果我想要成為 3D 藝術師，我得要堅持下去。在美商藝電內部有一個 3D 藝術師的職缺。我申請了，但沒有被錄用。我的 3D 藝術夢遭遇巨大的挫折，

我知道我需要精進技術。我找到好萊塢的葛諾蒙視覺特效學院（Gnomon School of Visual Effects），報名了課程。同時兼顧一週 70 小時的工時、在線上進修碩士，我還設法在每週日開到好萊塢上 3 小時遊戲環境創作的課。我完全沒有力氣了，但我知道我想成為一名 3D 藝術師。

在完成這個課程後，我又花了五個月的時間完成試做片。每天晚上九點下班後，回家就做我的試做片直到凌晨一點。我夢到多邊型，而且睡不好。但是我知道我一定得完成，因為我實在太想要成為一名 3D 藝術家了。

在洛杉磯的遊戲開發商不到 50 個，而且很多開發商不會在求職網站上公告職缺。我每天花好幾個小時搜尋那些遊戲開發商。我做了一張工作表，追蹤每個我找到的公司，寫下他們

是否在招募 3D 藝術師。我在美商藝電的表現變差了，因為我再也不想在那裡工作，我的主管也察覺到了。

　　工作找了一個月之後，我送出 10 份履歷，終於有一個在北好萊塢的遊戲工作室回覆我。我很興奮。更棒的是，其中一個面試我的藝術總監是日本人，她說她對我的履歷很感興趣，因為裡面提到去交換的大學是日本前首相的學校，其實她還用日語進行了部分面試。我被錄取了！我得到我夢想中的工作。我很幸運嗎？不，這是我努力爭取來的。我花了兩年才達成這個目標，而且誰會想到我曾去日本交換學生的經驗居然幫了我一把。我知道這份工作是我應得的。

失業

　　兩年後，我對於 3D 藝術師這個工作開始感到無聊。我開始察覺我不是一個真的很有天分的藝術家，我沒有足夠的創意創造出我沒經歷過的 3D 場景。所以我必須仰賴藝術總監幫我畫概念草圖，我才有辦法開始創作。正好在 2009 年，經濟大蕭條，我被裁員了。

　　而一切就是從那裡開始……

在你聽取我在這本書中要給你的建議之前，我想要你先瞭解，我是如何成長、如何受到激勵，以及我為什麼會成為一個有紀律的人。你將看見我的成功是從何而來，我的個性、背景與教育，在其中又扮演了什麼角色。現在你可以回顧你自己的經歷，並且檢視你已經具備能讓你成為創業家的工具是什麼。

第一章

不可能的創業家

當 2009 年經濟嚴重崩盤時，我被裁員了，我想成為藝術總監的夢想也隨之粉碎。我永遠不會忘記那天。那是我的 27 歲生日在吃完午餐後，我們的團隊經理來告訴我們，這是我們工作的最後一天，因為他們沒有下一個計畫，也沒有資金讓我們留在這裡。我們得到兩週的資遣費。我已經在那裡工作兩年了。雖然我聽到很多朋友被裁員的故事，但我從來沒想過這會發生在我身上。我的其中一個同事把他的任天堂 Wii 手把摔爛在地上，然後轉身就走。那一天，我在工作崗位上待到最後一刻，做完所有我該完成的事情。下班後，我打電話給家人，告訴他們這個消息。

在那之後，所有的事情都變化得很快。我失去了夢寐以求的工作，也失去了動力。每天早上我都不想起來，我無法接受自己其實沒有打算找其他工作。我一直檢查我的電子郵件，看看有沒有面試的機會。我覺得很空虛，覺得自己是個失敗者。除了在遊戲產業工作之外，我不知道我還能做什麼。沒有收入

| 我如何靠 600 美元打造一間百萬線上商店 |

真的是很糟糕的事情，雖然我有拿到政府的補貼，但那真的不夠。

在遊戲產業被裁員真的是很稀鬆平常的事情。所以我想也許我找到另一個 3D 藝術師的職缺後，我可能在另一個計畫結束之後又被裁員。我送出了非常多履歷。我得到的回覆很少，其中有製作魔獸世界（World of Warcraft）的暴雪（Blizzard）公司。但我沒有通過他們的 3D 藝術測試。終於，在失業六個月之後，我放棄了遊戲產業。

同時，爸爸的公司狀態也很不好，他請我去公司幫忙。另一方面，我在一間私立藝術高中找到一個 3D 指導員的工作。他們一小時付我 15 美元。我心想「真的嗎？我花了這麼多學費在建立我的職業生涯。我有那麼多年的業界專業經驗，結果我只值時薪 15 美元？」你為別人工作，狀況就是這樣。我沒辦法決定我自己的價值。別人決定我的價值。

雖然我爸爸有我幫忙，但他的事業仍沒有起色，其實變得還更糟了。我們發現因為網際網路出現，傳統商業的操作模式在這個世紀已經不管用了。

靈光乍現

所以我們想，那就<u>利用</u>網路賺錢吧。而且那時候我們有很多朋友都在從事電子商務工作。2011 年，爸爸跟我投資了 600 美元在台灣買了一些小商品。我們把所有東西放進行李箱，帶回美國。

記住，我完全沒有商業背景。我之前是個藝術家。雖然我父親有自己的事業，但他的相關知識只適合傳統商業模式。我們在毫無頭緒的狀況下，開始了線上事業。第一個月，我們賺了 1000 美元。我很開心，因為有用！我開始想：「哦！也許賺錢不是那麼難。」

我們從 eBay 起家，一年後在亞馬遜（Amazon）上開始銷售。雖然我是跟爸爸一起創業，但主要是我在負責每件事。他就只是挑剔。

好欸，跟喔不！

第一年，我們的收入是 43000 美元。我坐在車庫內，一切都從一台電腦開始。我結束了 eBay 和亞馬遜訂單的日常包貨

工作，想弄清楚我們這個月可以賣多少錢。我把所有東西放到後車廂上，然後開車去郵局，想著一切真是輕鬆。

接著我突然意識到一件事——「43000 美元！比我當 3D 藝術師的薪水還要少。而且這是總收益，還沒扣除商品成本和電子商務佣金。真的假的？我怎麼可能靠這麼一點點錢過活？我覺得很不對勁。我當時陷入了很深的疑慮中。我該怎麼做？我應該回到電玩產業嗎？我該放棄擁有自己的線上事業這個瘋狂的想法嗎？

也許你也經歷過類似的疑慮？我相信很多人第一次創業時都曾有過這個念頭。但是因為這個疑慮，我的人生改變了。我便開始做了很多功課並研究，並且持續嘗試不同的方法。最後，我打造出一個萬用的成功方程式。我稱之為「百萬美元黃金方程式。」我晚一點會詳細介紹它，所以請讀下去……

快轉

在 2012 和 2013 年，我花了大量的時間在做功課和嘗試銷售熱門商品。我很興奮，因為我以為——大家都會買。但事情並不如我所預期。我的錢就這樣浪費掉了。

而且我試過打廣告，但沒人在乎，我等於是浪費了更多錢。我試了不同的電子商務平台。我又浪費了更多時間和金錢。我能試的都做了。你們之中有多少人曾經試過這一切，然後沒有得到任何回報？我相信你們之中很多人都有過這種經驗。

　　但很棒的是，經歷這一切後，我終於找到行得通的方法。在創業的第四年，我們的總收益達到一百萬美元，在 2016年，我們賺了 171 萬美元。以下是我們的電子商務總收益

　　2011 年：43,000 美元

　　2012 年：218,000 美元

　　2013 年：496,000 美元

　　2014 年：1,070,000 美元

　　2015 年：1,420,000 美元

　　2016 年：1,710,000 美元

　　我們的事業在第二年成長了五倍，在第三年跟第四年又各別**翻**了一倍。以我的實驗和成功經驗為基礎，我打造了一個方程式，可以幫助所有人的線上事業**快速**成長！學這個方程式的人不用經年累月、耗盡金錢在實驗上，事業就能**快速**等比成長。

｜我如何靠 600 美元打造一間百萬線上商店｜

從車庫起家

　　這張照片是我爸媽家的車庫。2011 年，一切都從這裡開始
──只能停一輛車的小車庫，大概 260 平方英尺。在這張照片
裡，大概有 100 樣商品。總之，我想說的是大部分的大公司都
是從小車庫開始。蘋果（Apple）、亞馬遜、迪士尼（Disney）
和谷歌（Google）都是從這樣的小車庫開始創業。那些成功的

創業家，就像我們一樣。他們是普通人，卻有著宏觀的視野，而且遭遇無數的阻礙。

最大的改變──

我的人生從 2011 年開始改變，2014 年當我們達到百萬美元總收益的目標時──改變加速了。我們的銷售數字依然年年成長，而我成長為一名企業家。

在 2015 年，我創立了 Ellenpro，開始教導大家如何成為能獲利的線上賣家。

2016 年，凱文‧哈靈頓（Kevin Harrington）的《正如電視上所見》（As Seen On TV）團隊，邀請我的電子商務企業與他們合作 video campaign（凱文是前任創業鯊魚幫（Shark Tank）的成員，現今是十分知名的創業者）。

2017 年，我們的線上事業已經在洛杉磯擁有一間佔地9,200 平方英寸的倉庫。

Ellenpro 開始起飛。我上了 Grant Cardone TV、Huffpost、ABC、NBC、CBS，還有福斯。

我的生命從此獲得了戲劇化的成長與改變。我以前想的是下班以後要去哪裡、要買什麼影片。現在我思考的是如何讓我的事業成長、如何結交更多創業家、要去哪個會議、要買什麼書。創業真的能徹底改變一個人。你在下圖可以看到，我從一隻猴子進化成雜誌模特兒。

　　　　　　　│ 我如何靠 600 美元打造一間百萬線上商店 │

創業除了給我財務自由，我最喜歡的還是有了很多能自由運用的時間。我可以隨時去旅行。我已經數不清我去過多少國家了，光是 2016 年我至少去了 7 個國家。我去法國滑雪、在越南學烹飪、在巴哈馬騎水上摩托車，還在冰島的冰河上健行。我還騎著馬，造訪中國的古廟。

閉上你的眼睛

好。現在我們來做一點練習，我希望大家跟著我一起做。

請閉上你的眼睛，然後想像……

如果？

• 你已經瞭解打造一個專屬於你的百萬美元線上商店所需要的一切祕訣，而且你在幾年後就能實現。

• 你的總收益會是一百萬美元。你的人生看起來怎麼樣？

• 你終於可以帶你的家人去度假，實現你好久以前許下的承諾。

• 你不再需要擔心帳單和房貸。

• 你不再需要在乎你的老闆怎麼想。

- 你的朋友覺得你好厲害。

- 你過去都和你的另一半為了錢吵架，現在你們在計劃隨性地一起來趟歐洲之旅。

- 你曾經花好幾個小時通勤去上班，現在你可以在任何你想要的地方工作。

現在打開你的眼睛。

打開你的眼睛，面向你自己的機會。這一切都可以發生，你可以做到。

第二章

金錢與你——從員工成為創業家

首先，如果你想要賺更多錢，你得瞭解

「金錢遊戲。」

就像大部分的遊戲一樣，金錢遊戲有不同等級。

等級 1 ── 員工

從這個三角形中你可以看見，大部分的人花一生的時間當員工。他們為別人工作。他們有朝九晚五的職位或領時薪。

在金錢遊戲中的這個等級，你不用為一家公司的成敗負責。你不用擔心公司會不會賺錢。你在下班之後不用擔心工作的事情。

但是……

你的時間被工作控制。

你的薪水被老闆控制。

等級 2 ── 自雇人士

下一個等級是自雇人士，一人公司。

你是你自己的老闆，你可以在你想要的時候工作。

但是……

你賺多少錢取決於你做多少工作。

等級 3 ─── 小型企業

　　當你意識到你的時間不夠，你會開始雇用員工，你就成為一個小企業主。作為一個小企業主，你有一組員工。這些員工會分擔你的工作，你就可以處理更多銷售工作、服務更多客戶。

　　但是……

　　大部分的小企業主都被卡在這個等級，他們不知道怎麼進入下一個等級。

　　這經常是因為他們認為他們目前所做的已經夠好了，他們身邊沒有人比他們更優秀。他們以為沒有人可以做得比他們更好。他們並不信任別人按照他們的方式做事，也不依賴別人。

　　結果就會是，他們自己負擔了大部分的工作。

　　他們沒有意識到他們花大部分的時間「維持」公司營運，而不是專注在公司的成長。

　　如果你想要進入下一個等級怎麼辦？代價是什麼？

等級 4 ── 大企業

祕訣是建立一個體系。

然後把這個體系教給你的員工。

你想要用他們能為你解決問題的方式訓練他們。

讓他們「維持」你的公司，你就可以專注在讓公司成長。

最高等級

金錢遊戲中最高等級的玩家是投資者：想像一下像彼得・泰爾（Peter Thiel）那樣的人，他在臉書（Facebook）創立早期就投入資金，是有冒險精神的資本家。在你有營運大小企業的經驗後，你有足夠的錢，你就可以投資新創公司，藉此創造更多財富，而且你不用參與公司的日常營運事務。

思維模式

沒有適合的思維模式，企業無法長久經營。

這就是為什麼大部分市面上的自我成長書籍都在談論思維模式。

無論你做什麼，只要找到適合的思維模式，你都會想辦法完成。而且那個思維模式會持續激勵你前進。

世界上絕大部分成功的企業家，像是華倫・巴菲特（Warren Buffett）、伊隆・馬斯克（Elon Musck）和馬克・祖克柏（Mark Zuckerberg），都定期研究根本的思維模式。

在我剛開始學習成功方程式時，我對於要怎麼做毫無頭緒。

我會在第七章告訴你更多關於成功方程式的事情。

商學院

我曾經以為學校會教我成功的方程式。所以我申請一些常春藤聯盟的企業管理碩士（MBA）線上課程。

因為我完全沒有企業相關的教育背景，我天真地以為MBA 課程會教我怎麼成為成功的企業家或如何擴張我的企業。

你猜怎樣？當我開始有點基本概念了，才發現所有的課程都只是在教我怎麼在大公司裡面成為一個成功的員工。所有的內容都又學術又理論。所以我轉換跑道⋯⋯

創業家學校

有一天，我在臉書上看到戴・羅培茲（Tai Lopez）的廣告，他是一個投資者、企業家、訓練員。我立刻報名他的課程，我學到最重要的事情是閱讀的重要性。說真的，我以前從來不喜歡閱讀，甚至連小說也不看。閱書讓我很想睡覺，真的很想睡覺。

但戴讓我開始閱讀各式各樣企業相關的書籍。到那時我才明白──閱讀讓我想睡覺正因為我不覺得有所收穫。所以我就會覺得很無聊。

但是當我想要學某個東西時，我就覺得我閱讀的時間不夠了。

要是我可以擅於速讀，我就能讀得更快，學到每本書中的精華。

在過去兩年中，我研究了很多成功企業家，其中有些是上個世紀的人。我修線上課程，閱讀上百篇網路文章，在不認識對方的情況下，寄電子郵件給一些連續創業者（serial-entrepreneurs），而且我花了很多錢在會議上。我終於發現他們有個共同的模式，我找到了通往成功的方程式。這個方程式能運用在任何事情上，從經營企業到個人目標都可以。

而且我終於找到閱讀真正的目的。你從書中學到的東西會在你的潛意識播下種子。當你在生活中需要運用這些知識時，那些種子就會開花結果，呈現在你的意識中，引導你做出正確的決定。

現在，你在哪裡了？你是這些人之一嗎？

厭倦、疲憊？

你對於當員工這件事感到既厭倦又疲憊嗎？

你想要成為你自己的老闆，掌控自己的生活和時間，卻不知道怎麼做嗎？

你想要賺很多錢，卻不知道從何開始嗎？

這一切看起來都很複雜嗎？

小人物

你是否曾經在線上銷售東西一段時間、賺了一點錢，卻發現很難提高總收益？你可能會問你自己：

「為什麼這麼難？

還是只是因為現在的經濟環境不好？」

別擔心。我以前就是那樣！我花了好幾年才找到答案。

你們之中有很多人想要透過網路賺大錢，。你們之中有很多人知道網路的魔力，但是並沒有很多人知道到底該怎麼做。

所以請繼續讀下去，我會全部告訴你。

｜我如何靠 600 美元打造一間百萬線上商店｜

第三章

什麼是電子商務？

錢從哪裡來？你得做什麼才賺得到錢？

　　讓我們先從一些基本的數字開始，這會幫你對於接下來所
要做的事情，感受一下其分量與規模。

2002 至 2014 年美國年度桌上型電腦電商銷售額（以十億美元計）

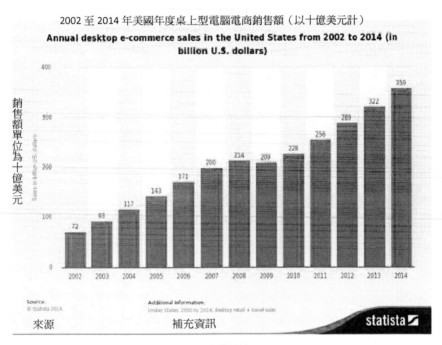

引用資料：統計數據

這張圖告訴我們，從 2002 年到 2014 年這 12 年間，有多少桌上型電腦是經由線上購物購買。

如你所見，2002 年從 720 億美元開始，逐年成長，只有 2009 年因為金融危機小幅下滑。在那之後，數字穩定成長，在 2014 年達到 3590 億美元。那可是三千五百九十億美元。

現在，想一下我們還有筆電、智慧型手機和平板的營業額。

數字會非常大。

2017 年時，學者宣稱電子商務的營業額會是 4404 億。

你可能會跟我說：「喔，這數字太大了，我沒概念。」

不是只有你。讓我這麼說吧。

想一下比爾・蓋茲（Bill Gates）。對，那個比爾蓋茲、微軟的比爾・蓋茲，世界上最有錢的人。比爾・蓋茲的身家值多少錢？

2016 年時，他的估計淨值是 900 億。換句話說，電子商務的銷售額在 2017 年，將近等於 5 個比爾・蓋茲！5 比蓋（5BG）。

單單北美的零售電商銷售額就會達到 4233.4 億，蟬連全世界第二大的區域電子商務市場。

　　下一張圖呈現全球電子商務營業額的預估值，在 2018 年時預估達 1.5 兆。

　　這比比爾‧蓋茲淨資產還要多 18 倍。

全球零售電商在 2013-2018 的銷售額（以十億美元計）

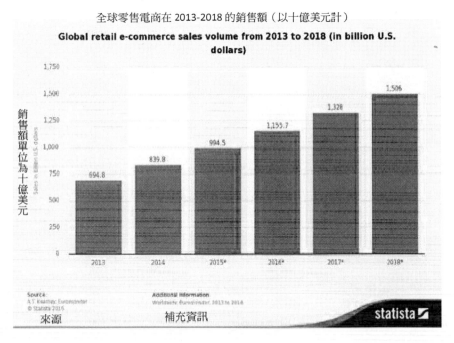

引用資料：統計數據

這些數字告訴我們，實體零售店有一天可能會消失。

華倫‧巴菲特最近為了投資亞馬遜，拋售了他持有的沃爾瑪（Wal-Mart）股票。追隨領導者吧。

所以，如果你想經營一個能獲利的事業，你得讓它上線。當然，你還是可以有實體店面，但你必須也在線上銷售。不這樣的話，無論你的實體店面現在規模多大，終究會消失。就像運動小屋（Sports Chalet）、西爾斯（Sears）、傑西潘尼（JC Penny），這些我們以前常常在購物中心看到的大型特許經銷商。

數字會說話

讓我跟你們分享一個小小的事實。69%的美國人在線上消費，33%每週在線上消費一次。平均交易額是 114 美元*，這個數字只會愈變愈大。我相信你們之中有很多人都有過線上購物的經驗，除了方便之外，也因為很多東西你沒辦法在實體商店找到。不要只在線上花錢，你應該在線上賺錢。你不同意嗎？（來源：英敏特（Mintel）2015 年美國線上消費報告）

電子商務曾經是……

在電子商務發展的早期，eBay 是個拍賣平台。我當時覺得線上拍賣是給那些在不同地方賣二手商品，賺點額外小錢的人。

電子商務現在是……

今日，電子商務是經濟趨勢。電子商務創業讓很多人得以成為百萬富翁。

基本上，電子商務是……

你購入商品——以比較便宜的價錢跟你的**賣家**購入商品，然後你把這些商品線上上架進行**轉售**。

你用更高的價錢賣出這些商品，從成本和零售價的差價賺取利潤（這部分和傳統產業一樣，只是在不同的平台上操作而已）。

然後將這些貨物運到顧客端——這稱為物流。

稍後我會提供更多細節，但是為了讓你看見電子商務的全貌，我希望你能認識長尾策略（Long Tail Strategy）。2004 年，

這個理論首次在《連線》雜誌由克里斯‧安德森（Chris Anderson）提出。為什麼稱之為長尾？如你所見，這張表看起來就像是動物長長的尾巴。

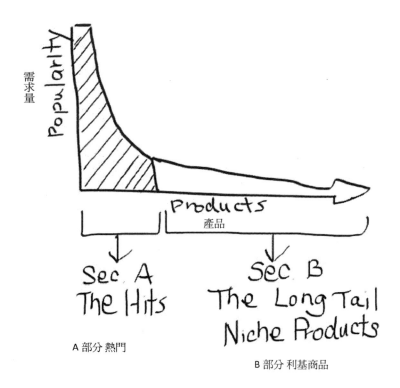

A 部分 熱門

B 部分 利基商品

　　請看上方這張圖，A 部分是「熱門」——受歡迎的商品。B 部分是「非暢銷」商品——也就是利基商品（niche product）。市場上沒有很多熱門商品，但它們的需求量很大。而市場上有非常多不同的利基商品，每種的需求都不高，但如

果你合併所有利基商品，需求量就會比暢銷商品還高。所以，在這樣快速瀏覽後，難道大家不會都想要瞄準 A 部分嗎？

如果你這樣想，請大聲地將「A 部分」說出來。大部分的人都會失敗，因為我再說一次，暢銷商品（紅色的部分）代表激烈競爭，因為每個人都想專攻紅色部分。黃色部分，沒有很多人想做，所以競爭就少很多。因此，賣利基商品容易多了。

在亞馬遜早期，當他們還只販售書籍時，就已經應用長尾理論策略。想像一下 A 部分代表巴諾書店（Barnes & Nobles），他們只賣熱門書，所以他們只有 100 種書。這只是個例子，不是真實數字。B 部分代表亞馬遜，大部分他們賣的書都很特別，他們賣出 500 種書。即使每一種書的需求量都不高，但他們都有自己的買家，所以亞馬遜賣得比巴諾書店好。

如果你能理解且應用這個理論，這會成為你成功的關鍵。

基本規則

讓我告訴你電子商務的基本規則。

第一，這不是快速致富的方法。快速致富的方法不存在。

如果存在，每個人早就都是有錢人了。

第二，「什麼也不做就賺大錢」這種事情也不存在。尤其如果你是第一次創業，你會需要花很多時間瞭解每個部分怎麼運作。也許在企業穩定下來之後，你能少工作一點，但要什麼也不做是不可能的。

如果你想到一個工作可以讓你什麼都不做就一夜致富，麻煩寄電子郵件給我，我真的很想知道。

不要跟我講樂透之類的，中獎的機率實在太小了。

現在你對於電子商務的規模有多大已有概略的概念，也大概知道這個規模是從哪裡來的——接著你要瞭解的是，你在這個電子商務世界中的位置。要經營電子商務其實有很多方法：直運（drop-shipping）、零售套利（retail arbitrage）和創造自有品牌（private labeling）。方法多到你難以想像。我接下來要談論自有品牌，因為那正是讓我的線上商店創造七位數營業額的成功關鍵。

提問：什麼是自有品牌？

回答：你從製造商手中直接買現成的商品，轉售時以你自己的品牌賣出。

我不想偏離主題，所以如果你想學其他經營電子商務的方

法，可以到我的網站上閱讀**額外福利**資訊，連結如下：

ellenpro.com/gift/

（查找第三章的額外福利：4個方法讓線上銷售為你工作）

物流選擇

如果你不想自己運送商品，你可以利用亞馬遜物流中心（亞馬遜 FBA）。這意味著你付費給亞馬遜的倉庫，讓他們為你儲存存貨和運送商品到顧客端。如此一來，你就不需要擔心倉儲，也不需要員工了。另一方面，你白天可以繼續做正職。甚至你可以辭掉工作，全新投入在線上事業。

提問：「我有全職工作，所以我沒辦法親自處理物流，但是亞馬遜 FBA 的收費對我來說又太高了，還有其他選項嗎？」

回答：「你可以選擇其他第三方出貨中心，它們的競爭會愈來愈激烈，所以提供的價格絕對比亞馬遜 FBA 更有競爭力。但請記住，亞馬遜 FBA 能讓你的商品在亞馬遜上受到評價。

除了亞馬遜物流中心，市面上還有很多第三方出貨中心。

這些出貨中心原本是貨運承攬公司，因為物流產業發產不好，就轉型成出貨中心，正因他們本來就有倉庫了。而且對他們來說，也是服務線上賣家的好機會。

接下來我們要來談你要怎麼找到能讓你發財的商品。

第四章

商品、價格——利潤

在你瞭解第二章說明的金錢遊戲後，你可能會問我：
「所以到底要怎麼打造一間能獲利的線上商店？」

從 4 個 P 開始

如果你曾學過商業相關的知識，你可能已經知道這 4 個
P：商品（Product）、價錢（Price）、宣傳（Promotion）和地
點（Place）。

也就是你賣什麼、你賣多少、你賣去哪裡、你怎麼賣。這
四個要素同等重要。你需要每一個要素，讓你的線上企業能長
期獲利。這 4 個 P 決定了你能不能在線上賺錢。

90%的線上賣家失敗都是因為他們只有 2 個或 3 個 P。善
用這 4 個 P 正是我打造出百萬美元線上事業的途徑。

在這一章，我要談商品和價錢，然後說明利潤會在哪裡。

商品

這是我最重要的建議，聽起來可能和你原本想的完全相反。

不要：賣熱門商品。而要：賣利基商品。

大部分的人相信如果他們在線上賣東西，一定要賣熱門商品。因為熱門代表高需求，高需求代表錢。因為每個人都這樣認為，所以有非常多的人都在賣熱門商品。

你要怎麼和他們競爭？降低你的價錢嗎？

問題是你降價幾次之後，你的利潤會愈來愈小，直到沒有利潤。到最後，你可能會為了削價競爭而賠錢出售。

我們之中有多少人有過這個經驗？我有。

依然有些人能透過賣熱門商品建立獲利事業，但是他們每個月花大把大把的錢在廣告上。

在創業階段，如果你每個月不花大錢在廣告上（像是在臉書或亞馬遜），賣熱門商品對你來說會很困難。

反之，你需要做的是賣低需求的利基商品，並且創造產品

線。

　　我知道聽起來是走退路，但我告訴你為什麼。因為你的競爭對手不會有那麼多，但商品自己就會販售出去——因為它們有利基價值。

　　不需要廣告、不需要心得文，你還是可以快速銷售出去。

　　我的課程中有一個學生，她找到一項利基商品，並放在亞馬遜上販售。她甚至忘記放關鍵字。但商品第二天馬上賣出去。沒幾週之後她就賣到缺貨了。她開始嘗試賣另一樣利基商品，這次她的存貨量更大。然後，看吧！第二天就賣出去了。她第二天就賣了 4 件，每天愈賣愈多。

　　她跟我說：「賣利基商品好簡單，我只需要放個標籤，然後把商品寄到亞馬遜 FBA。不用包裝、不用在評論上下心思，現買現賺，也不用像我以前賣熱門商品的時候一樣宣傳，實在太不可思議了！」

選擇你的商品——規則

1. 零售價需要低於 50 美元，因為這是不動腦的人會消費的價格區間。

2. 商品尺寸需要小於在超市可以看到的一加崙牛奶。

3. 包裹重量要輕於 2 磅，這樣商品才不會佔太多空間、運費太昂貴。

4. 還有最重要的，你需要有很多跟這個商品搭配的東西。

這點很有趣——一旦我確定有人想買的利基商品（他們很高興我有提供那些商品），所有我原本擔心的事情就自動到位了。

因為一旦我開始有進帳，我只需要付錢就能解決以前我得花好幾個月才能解決的問題。

雖然我必須證明我賣的利基商品真的有市場需求，但只知道這個概念是不夠的。我得弄清楚如何做到。我怎麼有辦法一直找到能獲利的利基商品？

我決定嘗試一些作法。我試過賣一些不同類型的商品。我到處嘗試不同的課程。我閱讀很多創業書籍、無數的文章和研究。無論是成功的賣家或苦苦掙扎的賣家，我都跟他們聊天。我甚至參加了很貴的研討會。一次又一次，我聽見相同的概念。

一段時間之後，我將這些概念組合成一條更有效的途徑，

能幫你決定你的商品能不能在線上大賣，能不能讓你的總收益達到 10 萬或甚至多於 10 萬。

選擇你的商品──方法

我稱之為「標籤、標籤、標籤」策略。由於這個技巧，我從來不需要去考慮商品會不會大賣。

如何在 10 至 30 分鐘內找到能賺錢的利基商品：

第一步：蒐集所有商品概念。做法是：

拿一張紙。根據你朋友的興趣，寫一張潛在商品清單（至少 10 樣）。如果你需要一點靈感，可以看一下亞馬遜的商品分類頁。

劃掉清單上所有和時尚、手機、電子、潮流相關的商品，還有無形商品。

第二步：我稱之為「標籤、標籤、標籤」策略。

請觀賞這段 10 分鐘長的影片，並且跟著影片中的步驟教學操作。

影片連結：http://ellenpro.com/gift01

（一般來說這是收費課程，但你們是本書讀者，可免費得到這個福利！）

真的就這樣！只要花不到 30 分鐘的時間，在你開賣之前就可以找到能在線上創造**極大**利潤的商品。這個方法讓我成功，也可以讓你們成功！

我擔任牙醫的友人楊醫生，也靠著這個方法成功。他的故事在這裡 http://ellenpro.com/tag/dentist/

如何找到賣家／供應商

你現在已經得到第一個獲利商品的點子了，你要從哪裡取得你的商品？

亞洲貨源

大部分的線上賣家會從 Alibab.com 或 aliexpress.com 進口商

品，這些大部分是中國商品。如果你喜歡旅遊，你可以去中國參加貿易展。就我所知，中國最大的貿易展是在廣州舉辦的廣交會。

在地資源

如果你想找在地供應商，你可以到 wholesalecentral.com 找找，或直接使用谷歌搜尋。事實上，許多在地供應商出得價格很好。參加本地的貿易展也是找供應商的機會。

成為經銷商

或者你已經有自己的事業，你可以把它打造成知名品牌的經銷商。但當經銷商有很多限制，所以你不太可能賺取太高的利潤。

製造你自己的商品

如果你喜歡手作，可以打造你自己獨特的商品。

而要：將專屬於你品牌的商品以產品線的方式出售，愈多產品愈好。

不要：只賣少量商品

許多人只賣少量商品，而且太過聚焦在少數商品上。

他們為了商品評價而給贈品。然後只要有人搶了他們當「黃金購物車」（buy box）賣家的資格，他們就抓狂。

記得我教過你長尾理論嗎？你一定要有自己的品牌，用自己的品牌名稱銷售商品。

以及

你一定要有很多不同的商品。

你有愈多產品，就有愈多流量，有更多機會曝光，你就能賣更多東西。你看那些知名品牌，有哪一個只賣一樣或兩樣產品？一個都沒有。他們都有產品線。

以蘋果（Apple）公司為例。他們賣不同規格的電腦、賣 Apple TV、iPhon、iPad、Apple Watch。他們透過提供不同規格創造產品線，買 iPhone，你可以選擇不同的顏色、記憶體大小和尺寸。

我告訴你一個故事，來自我爸爸的其中一位客戶。這位富有的客戶住在一個私人小島上，他要求我們為他的公司開發新產品。他僱用了酬勞極高的法國設計師來設計產品，花費大筆

金錢在廣告上，但他還是沒辦法讓他的公司獲利。兩年後，他終於找到原因了。

因為他的公司只有一樣商品，他終於瞭解這個道理了。為了彌補這個問題，他擴張了整個產品線。他終於開始獲利了。

我曾被問過——創造商品線、為它創造品牌、還要把企業標誌印在包裝上，這不是得花非常多錢嗎？這些是大家習慣在零售商店看到的。

但是在線上商店，你不用作這些。只要商品還沒申請專利，也還沒成為品牌，你就可以技術性用你自己的品牌轉售。例如：你在 99 分美元商店買了一個杯子，上面沒有企業標誌，它的設計也沒有專利——你就可以在網路上轉售這個杯子。

只要在線上的商品名稱欄加上你自己的品牌名稱。所以你可以寫上「Ellenpro 棕杯」之類的，這個杯子就變成你的商品了。杯子明顯不是利基商品，但這裡只是快速舉一個簡單易懂的例子。

存貨、SKUs、UPC

當你有很多種商品，很多 SKUs，你就開始會有控制存貨的問題。

所以有個男生問我──「我應該怎麼控制存貨？」

答案是──你需要存貨管理軟體。

還有，你的每個物件上都需要 UPC 條碼。

第一步：從 eBay 或其他網站買 UPC 碼（數位）。

第二步：用 UPC 碼產生器，將條碼製作成印製格式

第三步：在網路上買貼紙

第四步：將貼紙放到每個物件上

第五步：在你的存貨管理軟體上連結 UPC 碼與商品

第五步：在運送時掃描 UPC 碼

第六步：存貨系統會從存貨管理軟體中扣除庫存量。

賣什麼？

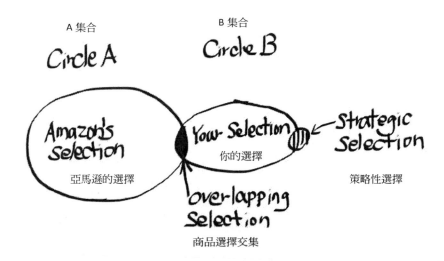

在上圖中，左邊的 A 集合是*亞馬遜商品選擇*——亞馬遜 Prime 上已經存在的商品。

右邊的 B 集合*你的商品選擇*——你自己的品牌，非策略性特殊商品選擇。

接著中間商品選擇交集——在亞馬遜上已有的它牌商品，其中有些非常知名的品牌。這可以增加你商店的流量。

在最右邊，*策略性商品選擇*——這是你最大的祕密武器；基本上它就是別人無法提供的客製化商品。這類商品不用多，但一定要有。<u>你大部分的銷售額會從這裡來。</u>

聽起來很棒吧？

現在我要談怎麼用最低的預算提供更多商品。

而要：一次買 20 到 30 多個 SKU（商品的種類），每 SKU 買 10 到 20 件商品，賣得好的時候多購入一些。

別這麼做：在沒有試水溫前，為了降低成本而每個 SKU 買上百件商品。

大部分的網路賣家不會測試市場反應，一開始他們一樣商品就買了成千上百件。他們之所以這樣做，是希望可以降低每件商品的成本價，

然後會發生什麼事？他們已經把所有的資金都投資在這一項商品上，而那件商品還賣得非常、非常慢，結果他們便沒有剩餘的資金投資新商品。

這些人會跟我說：「等我東西都賣出去了，我就會投資新商品。」

然後會發生什麼事？他們持續降低售價，但東西還是很難賣，而且幾乎沒有獲利。

你們之中曾經有多少人有這個經驗？

你需要的其實是一次買 20 到 30 種不同的商品，一件商品買 20 件，用來測試市場反應。如果其中有賣得特別好的，下次進貨時就可以買超過 100 件，降低成本。那些賣不好的商品就不要繼續賣。

這麼做，你可以達到投資最大化、風險最小化。

初始投資額要多少？

這其實取決於你。例如某樣商品每件 3 美元，你買 10 種不同的商品，每種 20 件，加上運費，大約是 600 到 700 美元。

或你只要 1 種商品買 10 件，這樣成本就小於 100 美元。

我想盡可能強調實驗的重要性。無論你做什麼，買產品或買廣告，你就是需要一直測試。

實驗、實驗、不停地實驗，直到你找到成功的那個。

商品構想清單

因為線上市場一直在改變，我沒辦法在這裡列一張最好的商品構想清單（可能在你讀這本書的時候就失效了。）所以我

提供一個我持續更新的數位版本。

現在就到這裡下載獲利商品發想清單，開始購買和販售商品：**ellenpro.com/gift/**

商品清單我通常會收費幾百美元，但我現在要免費給你們清單上的前五名，因為你們正花時間讀這本書，所以現在就去下載清單吧。

（查找第四章的額外福利：電子商務投資機會的前五名商品發想）

第 2 個 P 是價錢（Price）

第二個 P 是價錢。大部分的人不會去研究他們競爭者的價錢，結果把零售價訂得太高。潛在買家會比價，然後去出價比較低的競爭對手那邊購物。

而要：每個月都確認前三名競爭者的價錢，如果可能的話你要訂出比他們更低的價格。

不要：在尚未確認競爭者提供的價格前就設定價格。

研究發現 94% 的買家會花時間在線上找更低價的商品。

你可能以為你的商品的品質較好，就訂出很奢華的價錢。

但你還不是國際品牌——你不是香奈兒（Chanel）、你不是BMW——你的品牌名稱對你的買家而言還不是奢侈品的代表，所以他們可能不願意付那麼頂級的價錢。但是你的品牌成為你所販售的商品類別中的佼佼者後，你**就**可以向上調整你的售價。

這麼做：計算：你的零售價——市集費用——商品成品 > 商品成本 - 市集費用 ＝ 獲利

市集費用是每當你賣出一件商品時，市集跟你收的佣金，通常是零售價的 15%。

不要：在沒有確認其他費用前，就為商品設定最低價。

有些人在沒有確認其他費用、確認這個價錢能不能獲利，就提供最低售價——結果就賠錢。當你設定價錢時，請遵循這個規則。你的零售價減去運費需要大於商品成本——你的利潤從這裡來。

一旦我發現這點，我並不會只是說，**太好了然後**興奮得失去理智，我則是到我的交易平台上。

我進行測試。一次。兩次。三次。它都成功！讓我跟你們分享結果：

找到利基商品和利基產品線，確保我

光是一個月就能有 200,000 美元的成交！

最棒的是我可以在**進貨前**就知道一個商品會不會賣得好，

而且對每個有測試這個方法的人它都有效。

丹尼爾（Daniel）按照「標籤標籤標籤策略」的指導，在

十分鐘後就得到**非常多**獲利商品構想。他真的就是在看完「標

籤標籤標籤策略」的影片後，馬上決定他要賣什麼。

當賈克（Jake）發現他想賣的產品行不通，他馬上決定賣

更好的東西——一下子就免去浪費好幾個月的努力。

這就是開賣前，**先驗證商品構想**的力量。

如果你想學習如何運用 4 個 P 讓你的線上企業開始大顯身

手，我在網頁上放了一個額外好處：一個你可以下載按照步驟

執行的 PDF，這樣你就可以印出來，掛在牆上。連結如下：

ellenpro.com/gift/

（查找第四章的額外福利：如何利用 4 個 P 開始你的線上事

業）

第五章

你的市集和你的網路商店

第 4 個 P 是地點

你要銷售產品的線上位置。

不要：只仰賴一個市集

而要：在多個市集上架商品，增加商品／品牌曝光度。

　　大部分線上賣家只在乎亞馬遜，好像亞馬遜是唯一可以銷售的方法，他們犯的錯誤是忽略其他市集。想想看。如果你的產品在亞馬遜賣得很好，**而且**你也在 eBay 上銷售，你就會得到額外的收入。就是這麼簡單。

　　現在，我來告訴大家一件很多人沒有意識到的事情。根據我的實驗，有些商品會在 eBay 熱銷，在亞馬遜則不會。這不是因為客群不同，而是因為演算法的差異。

你應該將亞馬遜和 eBay 都看成只是你的其中一個銷售平台，不是唯一一個。

我跟很多成功的賣家在拉斯維加斯的研討會聊過，他們都說他們在多個市集銷售。

所以你需要做的事情是在多個市集上架你的商品，如此便能得到更高的商品曝光度和品牌曝光度。

你可能認為這得花很多時間去做，對不對？

這就是為什麼你需要一個自動化的套裝軟體為你做這件事。在這個軟體上你只需要上架商品一次，然後它就會馬上把上架資訊寄到多個市集和銷售管道。有超過 10 個軟體公司可以幫你做這件事，你只需要用谷歌搜尋：「多管道上架軟體（Multi-Channel listing software）。」

不可思議，對吧？而且一旦你知道了就簡單得不得了。

因為線上軟體市場改變得很快，我在我的網站上幫你整理好最新的「多管道上架軟體 ellenpro.com/gift/

（查找第五章的額外福利多管道上架軟體的完整清單）

讓我跟你說我的公司在不同市集的總收益比。

亞馬遜 USA 只有 39%。想想看。如果我

一個月可以在亞馬遜上賣出 10,000 美元的東西，那透過在多個市集上架商品，我一個月的總收益可以達到 25,641 美元。

如果你不想在所有通路上上架，那也可以。

我可以告訴你我的前三名市集是 eBay、亞馬遜、沃爾瑪（Walmart）。

你可以輕易地成為一家跨國公司

不要：只在國內銷售

而要：在外國市集上銷售

大部分地賣家只在國內的市集上架他們的商品，

他們錯失了國外市集買家帶來的鉅額利潤。

我有一個鄰居在我們的倉庫隔壁工作，他們也做線上銷售，他們問我：「你不覺得今年賣得很慢嗎？」

我告訴他：「不會，其實我們的賣得比去年好。」他看起

來有點擔心，所以我問他：

「你們的東西不在國外賣嗎？」

他說：「不會，」然後問我：「為什麼別的國家的人會想要買我們的產品？運費很貴。」

我回答：「有些國家沒有足夠的資源，他們可能沒辦法買你能賣他們的商品。有時候你設定的價錢加上運費，還比他們能在自己國家能取得的價錢更便宜。」

語言不同的問題怎麼辦？

其他國家的確用不同的語言沒錯。

但想想看。

世界上有多少其他的地方也說英文？美國、加拿大、澳洲、紐西蘭、英國，這還只是其中一些而已。有非常大量的買家。有很多市集能讓外國賣家營運，所以你應該利用這一點。也注意一下，亞馬遜 UK 會吸引附近國家的買家，像是來自法國、西班牙、德國和義大利。

多個市集意味著多個收入流（income streams）。你有愈多收入流，你的總收益就愈高。當然，如果你手動在每個市集上架你的產品，你會花大量的時間。這就是為什麼你需要多管道上架軟體。

讓我們總結一下。以下步驟適用於任何產品、任何市集、任何國家。

第一步：找到利基產品線，將它自有品牌化（你自己的品牌，在 alibab.com 或其他來源網站找到供應商（測試你的產品，第一批貨不要一次買上百件同樣的商品）

我建議從一條利基產品線開始，這樣買家會認為你是一個專業化的商店並且持續跟你購買。你可以從 aliabba.com 或其他在地賣家找到供應商。一開始，一樣商品只要買 20 到 30 件，測試一下市場。

第二步：提供國內賣家中最低的價格（但要確保你依然能獲利）。

不用擔心中國賣家的售價，你不可能在價格上跟他們競爭。這完全沒有關係，你在貨運時間上可以獲勝——要記住，不是每個買家都願意等待 3 到 4 週的運輸時間。

第三步：在多個市集上架你的商品走向國際，像是

eBay、Jet、亞馬遜 Canada/UK/US 等等。

第四步：建立網路商店，在社群媒體上經營，建立品牌。

第五步：定期重複第一步，持續找新產品賣，擴大你的企業。

這是擴張你的公司及品牌曝光的步驟。（漏？）你愈快重複這個步驟，你的公司成長得愈快。

市集

把每個市集都想成是多個收益流之一。（漏？）

你不能只有一個市場平台。你需要愈多愈好。

Amazaon.com

亞馬遜是現今最大的市集之一，我相信在接下來的幾年都會是。所以，對，亞馬遜是你第一個需要進入的市集。

然而，既然它是最大的市集，上面有來自全球各地超過 2 百萬的賣家。

你要怎麼讓你的產品脫穎而出？有些方法：

利基產品線能促成自然流量:

我們在先前的章節談論過這點,以利基產品線的方式銷售,你會有比較少的競爭者。當潛在顧客在亞馬遜上搜尋時,你的產品會自動出現在前幾頁,因為沒有太多其他的競爭者推出這項商品。你可以藉此取得自然流量。

透過亞馬遜 PPC（Pay-Per-Click）為你的產品打廣告:

當你和很多競爭對手一起銷售時,這可能是最快上手而且最有效的方法。你在亞馬遜上買付費廣告,亞馬遜會把你的產品放在搜尋結果第一頁,顯示為「贊助商品」。

最佳化關鍵字

確保你的商品名稱和你的商品關鍵字吻合買家在搜尋的東西。從買家的角度思考,而非賣家的。試著在亞馬遜的搜尋欄輸入關鍵字,亞馬遜會自動完成最多人搜尋的關鍵字。（請看下圖）

All ▾	best book		最佳書籍		Q
	best books of 2016 in All Departments	2016 年，各分類中的最佳書籍		
Brows	best books of 2016 in Books	2016 年，書籍類最佳書籍		Hello, Acco
	best books of 2016 in Kindle Store	2016 年，Kindle 商城最佳書籍		
	best books	最佳書籍		
	best books for 2 year olds	2 歲適讀最佳書籍		
	best books for 5 year olds	5 歲適讀最佳書籍		
	best books for 4 year olds	4 歲適讀最佳書籍		
	best books for 3 year olds	3 歲適讀最佳書籍		
	best books for 1 year olds	1 歲適讀最佳書籍		
	best books for toddlers	適合幼童的最佳書籍		

使用 FBA 服務（由亞馬遜提供物流）

你有沒有想過，怎麼讓你的商品拿到「首選」（Prime）標示？

你需要加入 FBA 計畫，將亞馬遜納入你的存貨系統，為你運送商品。這麼做，有以下好處：

1. 你不需要自行運輸商品

2. 你不需要一間倉庫儲放存貨

3. 相較於非「首選」商品，買家能更輕鬆找到你的商品。

這是亞馬遜演算法的運作方式。請注意，亞馬遜有超過 5 千 4 百萬名 Prime 會員，而他們之中有很多人只看免運費的「首選」商品。

商品評論

你不需要有很多評論，以剛開始而言 3 到 5 則評論就很夠了。拿到 3 到 5 則評論聽起來不是很難，對吧？只要請你的朋友購買商品，並為你寫一則良好評價。

運用你的人脈。

透過亞馬遜平台走向跨國經營：

除了美國亞馬遜，還有加拿大亞馬遜、墨西哥亞馬遜、日本亞馬遜、

印度亞馬遜、英國亞馬遜、義大利亞馬遜、德國亞馬遜、西班牙亞馬遜、

法國亞馬遜，還有更多更多。

這是建立國際品牌最快速的方法，你可以被全世界看見。

亞馬遜已經幫你建好平台了。先找出你的商品！

eBay.com

雖然每個人都在談論亞馬遜，eBay 依然有很大的國際市場。

eBay 的演算法很簡單，它完全以關鍵字為核心運作。放上愈多相關的關鍵字，你的商品愈有可能被潛在買家找到。同樣的道理，要從買家的角度思考，用 eBay 的搜尋功能找到最熱門的關鍵字。

*設定價錢*由於 eBay 上有一個搜尋條件是「定價+運費：先顯示最低價」，價格在 eBay 上重要多了。確定你提供有競爭力的價錢+免運。就像我之前說的，你不可能和亞洲賣家提供的超低售價競爭，但你可以在運送上競爭。因為有些人不喜歡花 3 到 4 週等商品到貨。

*註冊全球運輸計畫：*只要在你的帳戶設定中按幾下，你的商品就可以在所有 eBay 平台上被找到，包括：美國 eBay、加拿大 eBay、德國 eBay、法國 eBay、西班牙 eBay、義大利 eBay、荷蘭 eBay、愛爾蘭 eBay、澳洲 eBay、新加坡 eBay、香港 eBay、奧地利 eBay、瑞士 eBay。

Walmart.com

除了你在沃爾瑪商店的實體店內看到的商品外，你知道沃爾瑪也有類似 Amazon.com 的市集嗎？有困難的部分只有收益達到一定水準以上的公司能參與市集。但如果你可以進入沃爾瑪市集，可以輕鬆在那裡賺到許多錢。

Jet.com

Jet 創立於 2014 年，屬於相當新的一家公司，但他們有獨特的付款系統，稱之為「越買越省」。

如果你選擇不同的付款／退貨系統，你可以花比較少的錢（如下圖所示）

◉ **$54.98**　　Starting price　　54.98 美元是初始金額

○ **$54.39**　　If you opt out of free returns on this
　　　　　　　item, you pay less.　　　Details
　　　　　　如果你選擇退貨免費，就是 54.39 美元（漏？），可以少付一些。

○ **$54.54**　　If you pay by debit card, you pay less.　　Details
　　　　　　如果你用金融卡付錢，是 54.54 美元，你能付得少一些。

○ **$53.95**　　If you opt out of free returns on this
　　　　　　　item and pay by debit card, you pay less.　　Details
　　　　　　如果你選擇退貨免運且用金融卡付帳，就是 53.95 美元，付得又更少。

No Thanks	Update Cart
不用了，謝謝	更新購物車

　　而且，你買愈多件商品，你付得愈少。所以他們著重在顧客透過做出不同選擇能省下多少錢。作為一個賣家，你不用擔心怎麼運作，Jet 全都幫你計算好了。

Etsy.com

　　如果你賣的是時尚或手作商品，這是你需要進入的市集。

ASOS.com

ASOS 是英國的時尚購物網站,但是他們也有給賣家的市集。

如果你賣的是時尚相關的產品,你應該進入 ASOS.com!

Newegg.com

新奇蛋(Newegg)以電子商品聞名,所以如果你是賣電子商品,你應該在這個市集上銷售。但他們也讓賣家在市集上銷售非電子相關商品,因此值得去看看。

Rakuten.com

前身是 Buy.com,日本公司樂天(Rakuten)在 2010 年買下這個平台。

Sears.com

西爾斯和沃爾瑪一樣，也有自己的市集。你可以在這個市集上申請為賣家，輕鬆開始在西爾斯的市集上銷售。

TradeMe.com

TradeMe.com 的目標客群只有在紐西蘭，但如果你賣的東西可能會受到紐西蘭民眾的歡迎，你應該進入 TradeMe.com。

MercadoLibre.com

MercadoLibre 是南美洲最大的市集。如果你賣的產品對南美洲客人有吸引力，你應該進入 MercadoLibre。

Lazada.com

原本由德國公司創辦，Lazada 是東南亞最大的市集，涵蓋了印尼、泰國、越南、新加坡、馬來西亞和菲律賓。他們有特殊的付款系統，客戶可以收到商品再付款。

第六章

透過宣傳和社群媒體，在市場上佔有一席之地

你的網路商店就是你的電子商務市場，這是你可以賴以成功的珍貴資產。它仰賴宣傳延續和成長。

從這裡開始。

你可以簡單輕鬆地用 Shopify 或 Bigcommerce 創造你的網路商店。

他們內建樣板供你使用，你不需要花大錢僱用網頁設計師。

大部分線上賣家只專注在亞馬遜，忽略了他們的網路商店。

但是你知道有了網路商店你可以做什麼嗎？你可以蒐集買家的電子郵件。

你可以每週寄新品資訊。你可以跟他們宣傳，這能促進銷售額。新品資訊是一次跟你所有顧客溝通最有效率的辦法，而

且能讓他們成為回頭客。

我用這個方法，在 5 年內就蒐集到 26,000 個電子郵件地址。顧客回購率是 25%。這表示每 4 個客人有一個會成為我們的忠實顧客。

你也可以（漏？）把部分的顧客帶到你的亞馬遜商店，但別忘了，亞馬遜會向你收 15% 的傭金。所以想一想，你可以提供九折優惠的折價券，（漏？）把客人帶到你的網站商店，將能鼓勵他們多買一些。而且你還藉此賺取利潤，因為你不用付亞馬遜 15% 的手續費。

但不要以為只要有個網路商店就夠好了。很多人會告訴你，你只需要 Shopify、臉書廣告和谷歌廣告。我有一位朋友在線上銷售，他只有網路商店。結果

他們一個月花了 5000 美元在谷歌廣告上。一年半之後，他們結束營運，因為他們沒有賺取任何利潤。

他們總共花了 30,000 美元在廣告上。也就是說，

給谷歌 30,000 美元的廣告費卻對他們的網路商店沒有任何效益。他們以為廣告可以帶來收入，你們之中有多少人也相信這件事？我也曾經相信過，但後來發現那不是真的。正因為了增加網路商店的流量會耗去很多時間和金錢，所以你應該把你

的網路商店看成只是你的收入來源之一。

一個簡單的祕密

大家問我怎麼讓更多的客群進入他們的網站商店。最簡單的答案是到 similarweb.com 的網站上，輸入競爭者的網址。你會看到他們的客群流量從哪裡來，你就會知道你的潛在客戶在哪裡。

只要做跟你的競爭者一樣的事情。

不要：忽略社群網站平台。

而要：定期在社群媒體宣傳、發布有趣的東西。

讓我們來聊聊社群媒體，像是臉書、推特（Twitter）、圖享（Instagram）和 YouTube 吧。

社群媒體的效果就像是免費的廣告。透過定期發布與品牌相關的消息，你讓人們知道你的品牌並建立品牌形象。在他們知道你的商品和品牌後，持續一段時間定期看到你發布的內容，會有一樣東西引起他們的注意，他們就可能會想購買。你

可以在臉書上發布網站商店的連結，讓他們立即購買。但是你真的想要做的是用臉書廣告把人們帶到你的粉絲專頁，或另一個可以蒐集他們電子郵件地址的登陸頁面，這樣你就能透過電子郵件行銷。

社群網站是你線上事業成立初期的關鍵，許多潛在買家是依據你的追蹤人數來決定他們想不想向你購買。例如：如果你今天看到一個臉書廣告，這個廣告連結到一個你從來沒有看過的網站，你可能會想：這安全嗎？商品是正貨嗎？你可能會用谷歌搜尋這家公司的名字，或到臉書上搜尋他們的頁面。

如果你看到這家公司有上千的追蹤者，你可能會覺得這是一家正當的公司。所以使用社群媒體平台的目的就是要建立你的品牌形象，這也是建立品牌的快速方法。

你可以在社群媒體上做另一件事……找到圖享或臉書上的網紅。這個人要有成千上萬的追蹤者，而且定期發布與你產品有關的東西。你可以付錢給這個人，把你的產品寄給他們，請他們在社群媒體上宣傳你的產品。

我曾被問過另一個問題——

提問：如果我在美國宣傳某個全新的東西，沒有人知道這

是什麼，怎麼可能會有潛在顧客搜尋這個產品？

回答：在這個例子中，你最好的機會就是找到跟這個產品相關的關鍵字，並且善用社群媒體網紅的力量，讓他們為你宣傳產品、散播資訊。

最困難的是在你剛創立網路商店時，為它創造流量。草創期間是你需要最努力創造流量的時候。如果你問我最有效的方法是什麼？我會說把它們全部測試過一次，看哪一個對你的事業最適用。

接下來我要談談許多不同的操作方式

* 谷歌關鍵字廣告

在 google.com 上購買關鍵字，讓你的網站在搜尋結果第一頁出現

* 搜尋引擎最佳化（Search Engine Optimization, SEO）

在你的網頁上寫更好的關鍵字，讓人們自然透過搜尋找到你的網站（你不用在廣告上花費），這也包括在你的網路商店下寫網誌。

- 電子郵件行銷

蒐集網站訪客的電子郵件，每週寄新品資訊給他們，鼓勵他們購買。

- 附屬行銷

為你的網站設立附屬計畫，每當有人藉由點擊附屬行銷商的附屬連結而連到你的網站購物時，你就給他們傭金。大部分大型市集都有附屬計畫，所以你也該這麼做。你可以在附屬行銷商處列出你的網站。

- 網紅行銷

付費給網紅，請他們在自己的頻道上宣傳你的商品，或者你可以每售出一件商品就給他們佣金。

- 媒體廣告

在你商品所在產業中最主要的網站購買廣告。

- 再行銷

- 一旦潛在買家造訪你的網站，他們會在別的地方看到你的廣告，在臉書上、在大型新聞網站上等等。

- 社群媒體行銷

你如果沒有使用社群媒體，你不算活在 21 世紀。在下一章，我會分析每一個社群媒體平台的細節。

社群媒體是當今的趨勢。很多生意是僅靠在社群媒體上取得領先就能成立。有大量談論社群媒體的書。我會談論一些基本概念，這樣你們就能瞭解社群媒體對開始你的電子商務有什麼好處。

臉書

第一名的社群媒體平台一定是臉書！觸及人群最有效的方法就是買臉書廣告，我會設定一天 5 美元的預算進行一些測試。

為了在臉書上廣告，你需要一個粉絲專頁。

最棒的部分是？感謝馬克‧祖克柏，你在臉書上買了廣告之後，你也可以讓你的廣告出現在圖享和其他附屬網站。

如何創造有效的臉書廣告：拆解成 3 個部分：

客群──永遠要測試不同的受眾，直到你找到能最有效地轉換為顧客的群體！

廣告圖片──就是你的商品圖片！

廣告文案──使用圖案符號取得人們的注意力！

圖享

圖享是社群媒體中的第二名。由於這個平台使用主題標籤（hashtag），你可以觸及對你販售的主題有興趣的大量客群。所以記得使用大量的主題標籤！你還可以用圖享打開能見度觸及網紅，付費或付佣金讓他們宣傳你的商品。

例如：你在賣烹飪產品，你可以在圖享上搜尋#烹飪、#廚房器具或#下廚，找到對這個主題有興趣的人們。看看他們的追蹤人數，決定他們是不是網紅（網紅通常至少有一萬以上的追蹤人數）

YouTube

人們總是在 Youtube 上找各種「入門」指導影片。所以如果你上傳一些跟你的產品相關的「入門」影片，就能帶來流量。如果你還能透過你的 YouTube 頻道獲利，你就得到另一個收入流。如何讓你的 YouTube 影片更有效果：放上影片標題和影片敘述。在影片敘述中放上大量關鍵字，並且放上連結到其他熱門 YouTube 影片的連結）

領英（LinkedIn）

這個更適用於 B2B（Business to Business，企業對企業）銷售，但你還是可以加入多種領英團體，並發表一些東西，這樣就會吸引群眾的關注。你也可以貼在你的領英上，讓你的連結獲得注意。

Pinterest

如果你賣時尚相關的產品，Pinterest 非常適用。

大家都會上 Pinterest 找時尚點子。

還有很多你可以探索的平台，在上面得到更高的曝光率。
我做了一支影片講解在各個平台上運作的策略。影片連結：
ellenpro.com/gift/
（查找第六章的額外福利：用社交媒體平台建立品牌曝光率）

如我之前所說的，最有效的方式是能觸及其他貼文的中心
貼文。你只要寫好內容，然後使用能幫你自動排程、一次發布
到多個平台上的軟體。

可以考慮以下這些選項：

- Buffer

- Hootsuite

- IFTTT (If This Then That)

第七章

成功方程式

首先,你要找到那股強烈的慾望。

加上適當的思維模式,你就會開始尋找可行的策略,最終
會成功。

老實說,大部分的人都沒有強烈的慾望。他們以為他們對
生活中所發生的事情不具有控制力。不用擔心,找到強烈的慾
望需要一點時間。在你找到之後,你得在你心中觀想一切細
節,並且每天都要提醒自己。你需要把慾望的目標設定得很

高。

為什麼呢？舉例而言，如果你設定的目標是每個月賺 10,000 美元，那你未來就會每個月賺 10,000 美元，或者更少。如果你設定的目標是每個月賺 100,000 美元，那你未來就會每個月賺 100,000 美元，或更少。這就是為什麼大家常說「勇敢築夢。」

但是你可能會問——我怎麼可能達得到這個目標，看來簡直是天方夜譚。

如果你一開始就覺得不可能，你不會做出任何改變，然後就真的不可能。如果你覺得你無論如何都會達成目標，你會花時間學習如何達成，而且開始改變自己、改變行事方式。

如果目標很小，你需要改變的也很少，少到你不需要走出舒適圈，那這就不算是強烈的慾望。你已經有強烈的慾望了嗎？

強烈的慾望

「要達成任何事情，你都需要有強烈的慾望。」

拿破崙希爾（Napoleon Hill），經典名著《思考致富》

｜我如何靠 600 美元打造一間百萬線上商店｜

（*Think and Grow Rich*）作者、激勵人心的作家兼演說家湯姆·
羅賓斯（Tony Robbins）也總是把這種燃燒的慾望掛在嘴邊，
這個概念叫做吸引力法則。無論你想要做什麼，你得要先在心
中醞釀，然後在機會敲門時採取行動。如果你不採取行動，事
情不會改變，你永遠不會達成目標。我真心相信如今我所擁有
的一切，皆因吸引力法則。

思維模式

讓我們來談談思維模式吧。

一個朋友曾經問我：

「你到底做了什麼，可以讓你的事業這麼成功？」

我告訴他：「真的跟我做了什麼沒關係，是跟我腦袋裡的
東西有關，我的思維模式。」

成長──改變──學習

就像我前面提過的。大部分的小型企業主把他們大部分的時間都花在維繫企業上，所以動彈不得。線上世界非常競爭，如果你的企業沒有起色，就會被成長中的競爭者超越。你每年一定都得做些不一樣的事，實際上是每一季。

如果你跟我說，因為經濟環境不好，所以你的企業營運的不好，我會問你，有沒有每年為你的企業成長做任何改變。如果沒有，那不要怪經濟環境，你只是被你的競爭者超越了。但是如果你了解這個方程式，你要超越他們就非常簡單。

也許你跟你的朋友喜歡聊股票投資的事。但讓我告訴你一件事。

你最需要投資的不是股票，是你自己，投資在自我成長。

不久前，我遇到一位長者。他借我一本書，要我愈快讀完愈好。我問他花了多少時間讀這本書？他告訴我大概 10 小時。

我跟他解釋說我沒有太多時間。他告訴我：

「人就像是杯子的模具，你有愈多知識，你的模具愈大。」

你能容納更多，你能夠達成更多事情。如果你不改變模具的大小，你今天能達成的事情就會跟昨天你能達成的一模一樣。

華倫・巴菲特的夥伴查理・孟格（Charlie Munger）曾說過：

「當你每天醒來，試著比過去更聰明地運用你的每一天。」

這句名言深深烙印在我心，我希望這句話也能在你們的心中留下深刻印象。

第二個重要的思維模式是持之以恆。

很多人會失敗都是因為太早就放棄。

然而我不是要你對方法堅持，而是要對願景和目標堅持。當你找到一個生意構想，不要輕易被挑戰擊倒。

堅持你的願景，轉入岔路、走不同的近路達成你的目標。

以退為進。馬克・祖克柏曾經在臉書主持過一個問答時

間，這段時間你可以問他任何問題。有人問他：「你能成功，最大的祕訣是什麼？」

他只回答一句話：「不要放棄。」

如果你曾經讀過《臉書效應》這本書，或看過《社群網站》這部電影，你應該知道馬克一路上遇到無數挑戰。但是他從不放棄。他總是會找到方法讓自己成功。

第三個思維模式是投入程度。

這非常直接明白。你需要享受你的工作，甚至因為太享受的關係而經常忘了時間。你知道你的投入程度會對你的收入造成巨大的影響，但別做得太過火。大部分獨自創業的創業家，花太多時間在工作，忘記生活品質。

創業不是只為了賺更多的錢，也是為了幸福和自由。戴・羅培茲說，成功要有 4 個支柱：愛、財富、健康和快樂。你需要平衡這 4 個支柱，善用你的時間。

最後一個思維模式是感恩。

你必須感謝你的顧客，他們是你能成交的原因。

你要感恩你的員工——有他們的幫助你就無法讓這家公司順利營運。

而且感恩有感染力，如果你表達這份感覺，他們也幾乎會對你表達相同的感覺。你的顧客會成為你最忠實的粉絲。這個思維模式也可以用在私人關係上，用於你的家庭和朋友。所以總共有4個基本的思維模式。

拖延是你最大的敵人

大部分的人都瞭解他們得花時間和心力做出改變，但他們一直拖延，因為他們找不到時間做最辛苦的那個部分。甚至就算他們找到時間可以做，他們也不太想做。成功不會光靠想就會發生，行動才是關鍵。

讓我問你們一件事。一天之中，你有沒有給自己一個小時，可以自由運用？可能是睡前的那一個小時、剛下班的那一個小時。而你這個小時在做什麼？你正在看電視或打電動嗎？

我把這個福利影片送給你：《善用時間管理技巧獲得更大的成功》我用這個技巧同時營運兩家公司：ellenpro.com/gift/

（查找第七章的額外福利：《善用時間管理技巧獲得更大的成功》）

實作策略

現在我們來談談成功方程式的最後一個要素——實作策略。這個過程會花最多時間，因為你需要一直實驗不同的方法，找到運作得最好的那一個。機會來敲門時，你得投資你自己。想想看，如果你投資 1000 美元在你自己身上，你可以創造 10,000 美元。你會願意這麼做嗎？

你可以從閱讀書籍、參加研討會、修習線上課程之中得到很多實際的策略。我的導師馬特・普修斯（Matt Pocius）曾經告訴我：

「投資 20% 的淨收入在你自己身上，進而變得更成功。」

或者

你可以僱用一個已經達成你目標的導師。當我發現我可以僱用一個導師時，我非常訝異，這可以縮短我的學習曲線並且加速我取得成功，因此證明了絕對值得。你會注意到至今我還

是常常提到我的導師們。

　　我不是唯一從這個幫助中獲益的人。讀下去。

第八章

導師們的力量

你有沒有意識到有多少成功的企業家，都有導師們支持他們？

史蒂夫・賈伯斯（Steve Jobs）是馬克・祖克柏的導師。華倫・巴菲特是比爾・蓋茲的導師。

弗雷迪・萊克（Freddie Laker）是理查・布蘭森（Richard Branson）的導師。

理查・布蘭森曾說過：「在一切剛開始時，有個人幫忙真的是很棒的事。

如果沒有弗萊迪・萊克爵士的指導，我在航空產業會一無所成。」現在，我很喜歡指導年輕的創業家們。

如同美國作家暨企業家吉格・金克拉（Zig Ziglar）說過的：「很多人走得比他們自己想得遠，因為有人相信他們做得到。」

在我人生大部分的時間中，父親一直是我的導師。他擔任企業家超過 30 年了。但是我開始研究創業書籍後，我意識到我得成長，超越他營運小型企業的思維模式。為了要走得更遠，我意識到我需要尋找一些新的導師。

首先我遇到了傑克‧坎菲爾（Jack Canfield），《心靈雞湯》系列的作者之一。即使你從來沒有讀過這些書，你也應該聽過。他從一本書開始，成長為一間出版、消費者行為與媒體公司。傑克告訴我，每個人都需要一兩位導師。這位導師得是已經達成你所想要的成就的人。

2016 年，我在臉書上遇見我的第一位導師--馬特‧普修斯。他來自立陶宛，當時是 21 歲的年輕人。他雖然非常年輕但十分成功。Entrepreneur.com 有篇文章提到過馬特。他們稱呼他為：「全世界最年輕的最高薪網路顧問。」他一小時的費用是 4000 美元。他 18 歲時就賺進他的第一個一百萬，所以我僱用他為我的導師。

馬特來到洛杉磯，他邀我去戴‧羅培茲的別墅舉辦的傑出心靈大會。我才發現戴‧羅培茲是馬特‧波修斯的導師。我其實上了一陣子戴的初學者課程，但這是我第一次見到他本人。我會經常談論我從戴‧羅培茲身上學到的東西。他以他的 Ted

演講聞名，擁有超過 2 千萬的事業。他的創業家思維模式非常激勵人心，他身邊經常有其他成功的創業者，例如馬克・庫班（Mark Cuban）。戴在他的別墅舉辦非常多派對，參與的人士經常是名流和百萬富翁。

那天，我在戴的別墅遇見了凱思・艾凱爾（Keith Aichele）。凱思是美國頂尖的行銷專家。我在派對上和凱思談話，他還邀請我去他的研討會。最後我僱用他為我的導師。這時，我意識到人際網絡多麼重要，特別是和了不起的人來往。你得離開你的舒適圈、走出去，跟成功的人士一起看看這個世界有多大。

也許一開始你會感覺有點不自在，你可能會覺得你不屬於那個成功人士的世界。但一段時間之後，每個你遇見的人，要不是創業家、百萬富翁、暢銷書作者，不然就是公共演說家。接著你就會開始想：「我怎麼能只當一個平凡人？」你會開始從這些人身上學習，讓你自己成為那個成功世界的一部分。

你們猜怎麼樣？在導師們無價洞見的幫助下，我的線上教練課程在短短我的事業進行了 18 個月後就一飛衝天。他們也打開了我通往另外一個世界的門——我從來沒有見識過的世界，充滿成功人士和有志一同的創業家們。我得以見到好萊塢

女演員、暢銷書作家、人生教練和公共演說家。當我參加完路易斯·霍華（Lewis Howes）座談會後的 VIP 派對，還和他一起做過一個小影片。我是一個 FOB 台裔美籍人士，我未曾想過我的人生會是這樣。

但現在我在這裡！

與我的第一位導師馬特・普修斯

｜我如何靠 600 美元打造一間百萬線上商店｜

我的第二位導師凱思‧艾凱爾以及我自己在台上

我的公共演說導師克里斯多福‧凱（Christopher Kai）

如何評估你的導師？

　　僱用導師非常關鍵，但你不能只是隨便僱一個人。你需要僱用一個已經達成你夢想的人。如果你想要成為一個籃球球員，你不會僱用棒球教練。如果你想要變成一個 6 位數收入演說家，你不會隨便僱用一個登台過演員。如果你想要成為一個

7 位數收入的電子商務商店擁有者，你會僱用一個已經達成的人，不是隨便一個在經營電子商務的人。

當你在評估導師時，問問你自己以下這些問題：

1. 他／她是否是在該領域成功的專家？

2. 他／她是否已達成你想要的目標？

3. 你能否直接與他／她連繫？（我放上這一點是因為很多線上課程無法讓你跟那些「專家」直接談話，只能跟他們的團隊人員講話。）

現在我在三個不同的領域各有一位導師。凱思・艾凱爾是我的行銷導師、馬特・普修斯克里斯多福・凱是我的公共演說導師。我還想發展更多組技能，所以我未來還會有更多導師。

所以如果你認真地想要成為一個成功的電子商務創業家，你應該僱用一個已經有 7 位數收入的電子商務導師／教練。我有開放教練課程。你可以在 ellenpro.com 得到進一步資訊。

找到導師的方法？

你想要知道「3 個方法找到導師讓你賺進百萬美元」？

這個額外福利影片在我的網頁上：ellenpro.com/gift/

（查找第八章的額外福利：「3 個方法找到導師讓你賺進百萬美元」）

第九章

如何擴張你的事業

在你創業後不久，你很快就會思考如何擴張。

在你一頭栽入各式各樣的可能性之前，讓我們先回顧一下最基本的觀念。

我有一個簡單的方法讓你學。這個方法稱為「電子商務專業指數」

記得──擴張你的電子商務有兩個主要的元素：

管道和商品。

管道：這些是你的市集。更多市集 = 更多銷售管道

次數

商品：更多 SKU。一條長產品線。

等於

電子商務專業指數：

這兩個元素相乘就能打造成功的電子商務企業。

Channels 管道

× Products 商品

―――――――――――――――

E-Commerce Pro Score

電子商務專頁指數

運作起來是這樣：

如果你在亞馬遜和你的網路商店上銷售，你有兩個管道。

假設你有 50 種商品。算一下：2 x 50 = 100

100 是你的電子商務的健康指數。很明顯的，數字愈大，你的企業愈健康。

讓我們把我的電子商務企業放進這個算式。

我們有 14 個管道（13 個管道＋一個網頁商店），還有大

約 3000 種商品。

14 x 3000 = 42,000

看到哪裡不一樣了嗎？我如何靠 600 美元打造一間百萬線上商店

把你的企業放入算式，看看你的分數是多少？

這可以讓你更明白你應該怎麼做。你不能只在一個管道上銷售（例如：只有在亞馬遜上銷售）。因為如果亞馬遜突然決定封鎖你的帳戶怎麼辦？

我們再拿我的企業當例子（3,000 個 SKU）0 x 3,000 = 0

很多商品，沒有管道‧

你看，不管我有多少商品，乘以 0 我都得不到任何結果。

1 x 3,000 =

如果我只在一個管道上銷售，會變得很危險。

拿另一個例子，就說只有一樣商品好了，你在 15 個管道上銷售：

15 x 1 = 15

無論你在多少市集上架，你只能拿到 15 分。

想想看，如果你的那樣商品過時了，一陣子之後沒有人要買了，怎麼辦？你的分數是 0，零銷售。這也是非常危險的企業。

結論是，你要隨時準備好失去管道或產品。因為我要說的是，這種事情常常發生。所以你擴張企業的方式，就是去建立愈多管道和商品愈好。

第十章

提問、答案與成功

　　我很榮幸能和許多創業家合作，當我的建議幫助他們成功時，我也感到相當自豪。讓我介紹其中幾位吧。

來自加拿大的丹尼爾（Daniel）。

　　來自加拿大的丹尼爾（Daniel）。大公司中一位朝九晚五的員工。首次進入電子商務，一個月內他就分別在亞馬遜 USA 創造 47,165 美元的營收、亞馬遜加拿大則是 897 美元、在 Shopify 上是 2425.20 美元，

　　在 eBay 上則有 5,452 美元，退款額是 1,299 美元。所以在一個月內，他賺了 54,642 美元！他的其中一項商品成為加拿大亞馬遜的暢銷商品。這還只是開始。你知道嗎？我相信他很快就會成為百萬富翁。

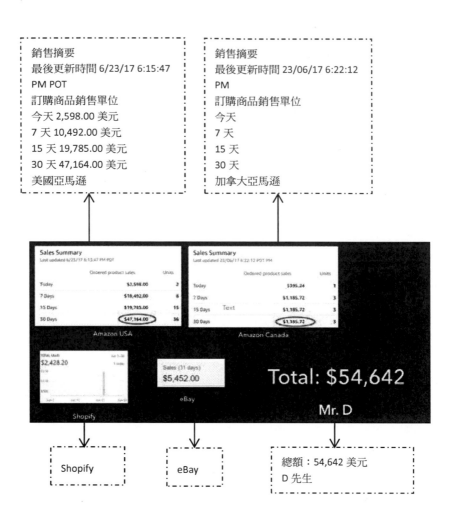

銷售摘要
最後更新時間 6/23/17 6:15:47
PM POT
訂購商品銷售單位
今天 2,598.00 美元
7 天 10,492.00 美元
15 天 19,785.00 美元
30 天 47,164.00 美元
美國亞馬遜

銷售摘要
最後更新時間 23/06/17 6:22:12
PM
訂購商品銷售單位
今天
7 天
15 天
30 天
加拿大亞馬遜

Shopify

eBay

總額：54,642 美元
D 先生

Daniel `
Yesterday at 11:30 AM

I really want to thank **Ellen Lin**. One of my products has just hit No. 1 at an Amazon.ca's category. It is really amazing!

https://www.amazon.ca/gp/bestsellers   l/

  | 17 others   1 Comment

👍 Like   💬 Comment

> 丹尼爾
> 昨天 於 11:30AM
> 我真的要謝謝 Ellen。我的其中一樣商品在 Amazon.ca 成為該類第一名暢銷商品。
> 真的很不可思議！
> https://www.amazon.ca/gp/bestsellers
> 其他 17 個人 1 則評論

來自加州的蜜雅（Mia）

　　來自加州的蜜雅（Mia）。她是小型批發公司的企業主，成功地轉戰電子商務。現在她 7 天就能賺到 4,601 美元！

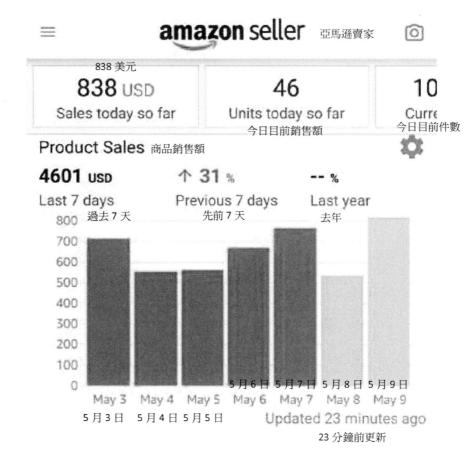

｜我如何靠 600 美元打造一間百萬線上商店｜

來自印度的羅伊特（Rohit）

羅伊特過去沒有任何線上銷售的經驗，但他想要販售商品到美國。他在線上瀏覽，發現其他「所謂的電子商務專家們」，但是他們都說要 5000 美元以上才能創立自己的企業。他沒有那麼高的預算，所以他決定加入我們的課程，因為我為人所知的一點就是只靠 600 美元就創立我的線上企業。

藉由我們的百萬美元黃金方程式計畫，羅伊特在預算內找到他的利基商品，並且開始從印度販售商品到美國。

來自加州的桑尼（Sunny）

桑尼在 2016 年一月時，在另一位指導者的幫助下，創立了她的亞馬遜企業，但不久後她發現他們的計畫對她而言不適用，因為她沒辦法花那麼多錢在亞馬遜 PPC 廣告。在 2016 年五月，她加入了我們的百萬美元黃金方程式計畫並且終於找到利基商品，她在亞馬遜上販售，沒有花一分錢在廣告上。

來自伊利諾的路易斯（Louis）

路易斯是有豐富經驗的線上賣家。過去，他一直為了他的銷售額苦苦掙扎。他報名了我所開設的教練課程，為期三週，現在他已經提高了 5,000 美元的銷售額。

來自德州的雪莉（Shelly）

我從 2008 年時就開始線上販售物品，但一直沒有到我想要到達的程度，因為一切都靠我自己，沒有任何人幫我。在經濟衰退時勉強維持實體商店、照顧小孩跟家庭，在那個時候對我來說實在負擔太大了，我不想繼續營業，但我也沒有計畫怎麼退出市場。有一天我丈夫收到來自艾倫的電子郵件並且跟我分享，一開始我很懷疑，因為我覺得那是給剛起步銷售的新手。但是我丈夫已經付款了，所以我說我就去看看吧。我很擔心我丈夫浪費了一筆錢。

但結果是……那個課程讓我瞭解其實我對於線上銷售還有很多要學。艾倫非常善於回應我的提問，我很開心我找到這位導師。百萬美元黃金方程式幫助我重燃熱情，讓我瞭解我不能

｜我如何靠 600 美元打造一間百萬線上商店｜

就這樣放棄我的夢想，而且我希望線上銷售不只是一個「興趣」，而是真正的「企業」，就像艾倫和其他在線上創造百萬財富的人一樣。

當我在亞馬遜上的銷售額開始提升，我意識到這個課程真的很值得，還有我意識到善用 FBA 促進銷售額的重要性。艾倫也介紹我透過使用 VA 加速工作，在我註冊她的課程之前，我根本不知道這個東西存在。

不要孤軍奮戰——你在浪費時間、金錢、給家人的寶貴時間，還有所有你熱愛的事情。善用導師，你花這些錢絕對值得。

有很多在家的全職媽媽犧牲了她們的職涯撫養家庭，但她們還是可以追尋她們的夢想，擁有自己的企業，就像我在這個計畫的協助下所做到的。

來自英國的吉布里爾（Gibril）C.

「透過你的課程，我在十二月跟今年一月，在亞馬遜、eBay 和其他平台賺了大約 400 美元！太棒了，非常感謝你。」

來自加州的伊方（Yvonne）

　　來自加州的伊方（Yvonne）。2 個孩子的媽媽＋2 份打
工。她一個月賺進 500 美元，在註冊課程後的第二個月然後第
七個月──砰！一個月 6,801.63 美元！

銷售額（31 天）　　　　　銷售等級預估

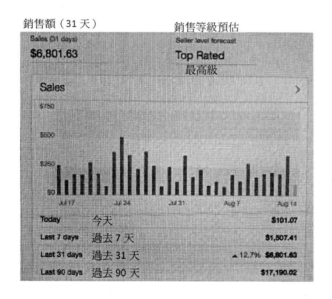

　　你能在這裡看到更多見證：

ellenpro.com/testimonials/

好的開始──這是我可以做的嗎？

提問：我要如何擺脫為他人朝九晚五的生活？

回答：創立電子商務企業，一旦你的企業賺錢後，你就能辭掉白天的工作了。

提問：我想確定這是我真的能做到的事情，還是只有萬中選一的少數人能達成？

回答：每個成功的企業都需要辛苦的付出和正確的策略。但是只要有意願努力付出以及使用我提供的策略，任何人都可以達成這個成就。

提問：我要如何創造一百萬美元的總收益？

回答：按照 4 個 P 的原則從小型企業慢慢擴張（第四章、第五章）

提問：開始需要有什麼技能？

回答：基本電腦技能還不錯。你邊做就能邊學了。

提問：創立線上企業必須的工具有什麼？

回答：一台有 Wi-Fi 的電腦

提問：需要多少員工才能創立一個線上企業？

回答：只需要你自己就夠了。

提問：可以創立哪些種類的線上企業？怎麼做？

回答：非常多種。你可以銷售服務或實體商品，這兩種分別為不同的經營方式。銷售實體商品最快的做法是進入像 eBay ／亞馬遜這樣的市集。

提問：我應該怎麼開始我的第一個線上企業？

回答：只需要三步驟：

找到利基商品 2。從 alibab.com 找到貨源 3。將商品上架到 eBay 和亞馬遜市集。瞧──你準備開張了。

提問：你可以給正要進入這個事業的年輕創業家最好的建議是什麼？

回答：採取行動──開始做就對了！

提問：如何得到許可成為亞馬遜賣家？

回答：任何人都可以到 Amazon.com 申請。

提問：如何在亞馬遜販售商品。流程是什麼？

回答：首先，寫一份清單，然後把你的商品寄到亞馬遜 FBA 中心。

https://services.amazon.com/fulfillment-by-amazon/how-it-works.htm

提問：在亞馬遜和 eBay 上行銷品牌的最佳策略是什麼？

回答：在同類商品下有穩固的產品線

提問：如果我想要在網路上賣手作商品呢？

回答：到 etsy.com 賣，用社交媒體宣傳

提問：我能夠用有限的資金創造線上事業嗎？

回答：當然可以，你可以用非常小額的預算買商品，馬上開始銷售它們獲利。

提問：要花多少錢才能開始？

回答：取決於你，我會說至少 500 美元──我父親跟我以 600 美元起步。

提問：你們怎麼做到只靠 600 美元創業？

回答：買 20 個 SKU，每個買 10 件以下。

尋找商品

提問：賣什麼樣的商品可以為我創造利潤？

回答：從「標籤、標籤、標籤」策略開始，如同我在本書中的第 4 章所教的。善用我的線上清單，加入我的百萬美元黃金方程式課程。

ellenpro.com/course/million-dollar-golden-formula/

提問：哪裡可以尋找到好商品拿去在 eBay 和亞馬遜販售？

回答：alibaba.com 或 aliexpress.com

提問：如何以低廉的價格直接從製造商取得貨源？

回答：親自拜訪製造商。

提問：如果我沒有錢買商品，我要怎麼創業？

回答：在 eBay 上賣你家不要的東西，賺到錢之後投資到你的第一批訂單。

提問：如何選擇對的商品上架？

回答：測試不同商品

定價

提問：如何決定商品的價格？

回答：設定難以抗拒且有競爭力的價錢（先研究市場）

提問：如何處理要求更低價的顧客還有同業競價？

回答：如果你真的想要這筆交易，同意對方的價錢，賣給他們。如果你覺得這樣無法獲利，簡單地拒絕就好。

宣傳

　　提問：如何提升網路商店的流量？

　　回答：電子郵件行銷＋社群媒體行銷＋搜尋引擎最佳化＋購買臉書廣告。

　　提問：如何在不花錢的狀況下（臉書除外）宣傳商品並且讓商品曝光？

　　回答：市集和其他社交網站，像是圖享（Instagram）。

　　提問：我想學習如何得到亞馬遜上的顧客評價。如果你才剛創業，你如何得到評價？

　　回答：創業只需要 3 到 5 個評價，你可以從家人或朋友那邊取得。

　　提問：如何在 eBay 或亞馬遜上經營企業？

　　回答：申請成為他們的賣家。

｜我如何靠 600 美元打造一間百萬線上商店｜

提問：如何從競爭者手中搶下顧客，在市集立足？

回答：研究你的競爭者，賣同類商品中他們沒有的東西。

提問：相對於低價商品，高價商品會賣得比較好嗎？

回答：不，我建議銷售低於 50 美元的商品。但是如果你的商品很特別，它會賣得很好。

市集

提問：eBay、Letgo 應用程式和克雷格列表（Craigslist），哪個是最好的？

回答：目前亞馬遜和 eBay 是最好的兩個，Etsy 則適合藝術品和手作商品。

提問：我如何快速輕鬆地在 eBay 刊登物件？

回答：使用第三方上架軟體。只要使用谷歌搜尋「多管道上架軟體」。

提問：除了亞馬遜和 eBay 之外的其他線上市集呢？

回答：試試看 Walmar.com 還有 Jet.com，還有樂天、西爾斯、新奇蛋，以及紐西蘭的市集 TradeMe。

你的網路商店

提問：利用網站開始最簡單的方式是什麼？

回答：Shopify.com 和 Bigcommerce.com 都有模版內建購物車。

提問：我要如何設計我自己的網路商店？

回答：你不用自己設計，最簡單的方式就是用 Shopify 或 Bigcommerce。

提問：什麼是 Shopify？

回答：Shopify 是一個你可以打造有購物車的網頁商店的電子商務平台。

所有的宣傳，甚至所有在大型市集成交的重點，都是為了讓你的網路商店取得流量和成交額——那是你可以賺最多錢的

地方。（詳見第五章）

增加利潤／擴張事業

提問：如何增加受眾？

回答：在多個市集上販售，到所有社交媒體上宣傳。

提問：我要怎麼讓我的線上商店更好？

回答：用賞心悅目的模版建立網站，看起來才不會像**詐騙**。

記得用跳出內嵌視窗蒐集人們的電子郵件。

用來蒐集電子郵件的跳出視窗，這樣你才能寄行銷郵件給他們，以下是範例：

首購九折優惠
Take 10% Off On Your First Purchase
2.5K
✓ Like
Follow
Follow
寄出促銷
Send Me My Promo Code
Enter your email
Coupon will be shown here
折價券會在這裡顯示

　　提問：我只有一個正職員工和兩個兼職員工，我要如何拓展我的小型企業？

　　回答：你可以僱用線上虛擬助理（Virtual Assistant）。

　　提問：如何擊倒其他競爭者

　　回答：使用 4 個 P 計畫擴張策略。

　　我的其中一位追蹤者說，他沒辦法在價錢上比過競爭者，要成交真的很難。我看到這個問題時，我知道他賣的一定是熱門商品。所以，當然那會是削價戰。熱門商品代表著更多競爭

者，因為每個人都想要賣熱門商品。

我給他三個建議：

1.　改變他的產品線，

2.　看看他能不能在同類商品下找到利基商品，

或者

3.　提供客製化商品。例如：讓顧客在商品的不同部件選取不同顏色，就像歐克利（Oakley）太陽眼鏡提供的服務。他也可以讓顧客增加或移除一些元素。另一個選項是提供如電繡名字這種服務。

如果你願意花時間，你可以提供顧客獨特的體驗。提供其他人認為太花時間的服務，這麼做的話你就能超越其他人。

提問：如果我有產品，但沒有額外的錢給搜尋引擎最佳化、搜尋引擎行銷或廣告——我能怎麼做？

回答：在多個市集上架，利用社交媒體免費增加商品曝光率。

最好聚焦在一個種類的商品，這樣潛在買家才會把你看成特殊化經營的商店並且持續回購。

提問：你是怎麼為你正在賣的東西決定標題的？例如：免運費？

回答：免運費現在已經成為通則了。所以我不會把它放在標題／商品名稱區。關鍵字愈多愈好，要確定你有放足夠的關鍵字描述你正在賣的商品：

顏色／尺寸／材質／使用目的。

提問：我要怎麼找出商品的目標客群？

回答：從過往的訂單記錄中獲取他們的人口特徵資料，用這些資料建立顧客特性。

提問：怎麼降低物流成本？

回答：重量低於 2 磅的商品，用美國國內郵政服務運送最便宜。重量超過 2 磅的商品，用 FedEx 或 UPS。

提問：我要怎麼讓我的企業持續經營且持續成長？

回答：參加會議、研討會，持續為你的企業吸收新知。

例如我的課程——百萬美元成功方程式

http://ellenpro.com/course/million-dollar-golden-formula/

提問：我要如何和成功的電子商務營運家接觸？

回答：參加人際網絡串連活動和會議。

提問：要怎麼讓飲食控制產品從眾聲喧嘩中脫穎而出，而且讓它感覺起來值得信任？

回答：用見證影片

提問：微型創業的訣竅

回答：控制預算。在你測試商品之前，不要每個 SKU 買上百件商品。

挑戰和動機

提問：你能取得今日的成就，最重要且基本的要素是什麼？

回答：持續成長的思維模式

提問：你如何激勵自己成為一個成功的企業主！

回答：閱讀

提問：學習創業思維模式最好的方法是什麼？

回答：閱讀。向湯姆・羅賓斯、戴・羅培茲、傑克・坎菲爾、賽斯・高汀（Seth Godin）等人學習。

提問：你如何保持專注、貫徹始終？

回答：設定每日目標

提問：你最大的挑戰是什麼？

回答：管理員工，一直是很困難的一課。

提問：我要怎麼擁有成功的事業，同時還能花時間陪伴我的家人？

回答：將任務分派出去。

提問：我要怎麼跟你一樣成功？

回答：僱用艾倫當你的導師。

| 我如何靠 600 美元打造一間百萬線上商店 |

第十一章

從現在開始，你可以走多遠？
沒有極限

找到時間和精力

現在你已經讀過這本書了，你知道你能做什麼嗎？是什麼讓你裹足不前？

以下是人們常跟我說的：

我沒辦法擠出額外的時間做這些事。

有太多不同的事情在我腦袋裡等我去做了。

我不知道從哪裡開始。我很挫折，所以一直拖延。

幾個月之後，我還是沒有開始任何事情！

不是只有你。這些都是我剛創立 Ellenpro 時的感覺。

我同時經營兩個企業——電子商務企業和製造企業，我需要在夜間工作，才能與亞洲、歐洲聯絡。電子商務的成長非常快速，讓我必須放棄我的武術課程。

　　雖然我有僱用其他人幫忙，但我沒有時間維持我的體態。

　　現在我正在全新的領域創立第三個企業。大部分的人甚至不會考慮做這件事。但是我就是太渴望成功了，而且我有非常強烈的動機想要創建一個助人成功的平台。

　　我壓力大嗎？作為一個創業家，我已經習慣了「事情偶爾會出錯」這個想法。但是我知道無論出錯的是別人、電腦、資金、商品還是我自己，每件事都有解決辦法，所以我不會讓這些事情困擾我太久。唯一讓我壓力大到受不了的事情是，我在想達成的事情上沒有進步，而且我找不到解決的辦法。

　　我需要更多時間運動、學習、閱讀，以及營運 Ellenpro。我試著在晚上完成這些事情。但我的身體和腦袋都不太聽我使喚，因為白天我已經被經營兩個企業累垮了。所以我無法有好的成果。

　　我知道自己最大的問題是時間管理。但我還是苦苦掙扎，直到我讀了哈爾‧埃爾羅德寫的《上班前的關鍵 1 小時：：為什麼成功的人比別人早 1 小時起床？只要每天早晨做這 6 件

事，就能徹底改變你的工作和生活！》（*The Miracle Morning: The Not-So-Obvious Secret Guaranteed to Transform Your Life "Before 8 AM"*）

我馬上採取行動。

我做了這些事：

我開始比每天原本的時間早一**小時**起床，連週末也是。

跟隨以下四個步驟，你也可以做到讓你自己進到下一個等級。

前一晚事先計畫和自我暗示（Auto-Suggest）（15分鐘）

每晚睡前，我在 Evernote 記下我隔天想要達成的事情。然後給我自己自我暗示——我要好好睡一覺，得到充足的休息。這麼做，你的腦部會被指示，起床時，你就不會覺得你沒有得到充足的休息。

晨間冥想（4分鐘）

早上起床時，我會坐在我的床上，花幾分鐘冥想。

首先，我會想著我的目標，讓畫面在我腦中出現。然後我給我自己另一個自我暗示：今天我會往這個目標多邁進幾步。

其次，我感謝所有我生命中發生的事和在我身邊的人。

補充水分

接著我走下樓梯，喝一大杯水。

科學研究指出，脫水會讓人們感覺疲倦。所以滿滿一杯水能讓你清醒。

運動及閱讀──讀電子郵件不算

完全不要打開你的電子郵件信箱和社交媒體。你要讓這個小時完全是你自己的。如果你回覆了電子郵件或社交網絡訊息，你就開始按照別人的行程過活了。

在早餐後（早餐時間算在我原本的起床時間，所以我沒有算進這個額外的一小時），我做這些事情：

第一──運動。以我來說，我做 Tabata 訓練（4 分鐘）；

再來——在我的迷你飛輪上同時閱讀和飛輪（15分鐘）。我同時進行閱讀和運動，一石二鳥。

現在，因為運動，我滿身大汗又充滿精力，我的多巴胺（dopamine）*分泌旺盛。現在我可以有效率地開始一些部落格工作了。（漏？）對你而言，可以試任何你想要做但你之前都找不到時間做的事情（力量在這 41 分鐘內——這是你向前邁進的時刻）。

*「多巴胺是幫助控制腦部回饋和愉悅機制的神經傳導物質。多巴胺也有助於調節動作和情緒反應，並且讓我們不只看見獎勵，也能真正採取行動。」—今日心理學

你看見你在一個小時內可以完成多少事情了嗎？你心中最想達成但你找不到時間去做的事情是什麼？這就是你可以去達成的那一個小時。沒有任何藉口。

即使你不是一個早起的人，那也沒關係。

雖然這本書說要在早上八點前完成，但你可以在任何時間起床——只要比你平常起床的時間早一小時，就會有很大的幫助。

因為早上的運動，我的一天總是過得很順遂，而且我帶著

好心情達成每一件我計畫的事情。

在創業早期，就像我已經告訴你的，我做了很多錯事。

我浪費很多錢在不對的商品、錯誤的廣告、錯的商業操作模式。我花好多年才弄清楚每件事，找到最有效的解決方法。

因為我的目標很明確，所以我能堅持下去。

現在你已經讀過我經歷過的事情和代價了，有個問題請問問你自己——你真的想要在線上創造巨大的財富，成為一個百萬富翁嗎？

如果你有興趣在線上銷售，或者你想要提升你的銷售額，我能幫你。我已經經歷過每件你將會遇到的事情，而且我敢說我已經知道你最大困境的解決辦法了。奠基於我過去六年的成功和經驗，我建立了一個能逐步操作的系統，指引你通往你所渴望的成功！

你也許會懷疑，為什麼我要分享我最大的祕密，把它教給你？

有一位女士曾問我這個問題，讓我思考了一下。她說她知道很多線上銷售指導員，他們都透過教學賺錢，只是因為他們

自己的線上商店沒賺到什麼錢。我終於瞭解我跟其他教你怎麼在網路上銷售東西的指導員間有什麼差異了。

因為，今天，此時此刻。我依然在經營我的線上商店。我的線上企業每年都在成長。

很多在電子商務成功的人不願分享他們成功的祕訣，因為他們害怕他們教導的是競爭對手。所以，為什麼我要把我的祕訣教給你呢？因為我的企業還在穩定成長，而且我已經找到一個自動化的系統讓它持續成長。我把大部分的任務分派給我的雇員，現在我有多餘的時間做我這件我所熱愛的事情。

我看到有很多人嘗試在線上銷售，但他們就是無法成功，他們覺得很挫折。

我知道我有他們需要的答案，但是我不知道怎麼跟他們交流。有一天，我看到臉書廣告告訴我怎麼在線上教學──對，臉書廣告。這就是我找到的方法，我把我的專業教給他人，幫助人們、讓人們能透過線上銷售得到財務自由和時間自由。

只要我的學生跟著我的課程材料，他們就會開始有好收穫。他們的人生得以改變，而我是其中的一部分。我可以感受到他們的雀躍和動能。我意識到那對我的意義甚過於我自己的成功。我很開心我自己可以賺進百萬美元，但是當我的學生開

始賺進 6 位數收入或甚至更多時，我感受到的快樂更多。

　　所以，這就是我的使命。我想要用我的知識和成功經驗，幫助和培養更多跟你一樣的人，達成財務和時間自由。這就是為什麼我成立一個稱為「百萬美元黃金方程式」的訓練課程。http://ellenpro.com/course/million-dollar-golden-formula/

　　開始經營獲利的線上商店，你所需要的一切都在這個課程中。

　　我靠著 600 美元起家，創造自己的百萬美元線上商店時所使用的祕訣和策略，**全部**都在這個課程中。

　　如果你已經徹底讀過這本書，你現在應該已經知道基礎觀念，還有我已經讓你知道這一切都很好瞭解。

　　你的下一步是什麼？

　　最大化、大師、導師

　　參加成功創業家的社群

　　如果你想要更進一步，我在這裡教導你、訓練你。

　　沒有極限！

詞彙表

演算法

在電子商務裡，這表示產品搜尋結果在每個市集擁有的市場。

亞馬遜

最大、最快速的線上市集。

亞馬遜 Prime

身為線上購物者，如果你購買了亞馬遜 Prime 的年度會員，你可以享有 2 天的免運費。

品牌

由特定公司所創造或銷售的某個產品分類。

E-Bay

最大的線上市集之一

物流

將實體商品運送給客戶

FBA——由亞馬遜實現

身為賣家，亞馬遜可以幫你把實體商品送給買家。

關鍵字

當你在市集尋找商品時，輸入搜尋欄位的文字。

市集

可以讓你購買和銷售產品的網站。

平台

在電腦上的操作系統。

自有品牌

你從製造商手中直接買現成的商品，轉售時以你自己的品牌賣出。

產品線

同一種類下的產品

SEM

搜尋引擎行銷（Search engine marketing）———一種網路行銷手法，提升你在 Google.com 等搜尋引擎結果上的可見度。

搜尋引擎最佳化

搜尋引擎最佳化（Search engine optimization）———一種網路行銷手法，利用重複的關鍵字，提升你在 Google.com 等搜尋引擎結果上的可見度。

Shopify

讓你可以建立電子商務網頁商店的線上平台。

SKU

每種商品的最小存貨單位。

Squeeze Box

是可以從你的網站商店跳出的視窗，可以蒐集人們的電子
郵件地址

模版

已經設定好格式的網頁商店，你可以直接使用。

成為贏家：

「與林愛倫進行 30 分鐘的電話策略諮詢」

　　恭喜你們花時間讀完了這本書。作為對你們的感謝，這裡有一項額外福利——你有機會跟我本人談話，向我提問以解決你的困難，還有我會親自設計通往你的目標的行動計畫（每一個步驟）。

　　現在就去 ellenpro.com/gift/獲取更多資訊，贏得「跟艾倫的 30 分鐘策略熱線」。（網站連結內容目前只提供英文版本）

網站：	Ellenpro.com
領英：	linkedin.com/in/ellenlin
臉書：	facebook.com/ellenpro.entrepreneur
圖享：	instagram.com/ellenpro_entrepreneur
推特：	twitter.com/lin_ellenpro
YouTube：	goo.gl/5oqBjw

特別聲明

詳細資訊請上網站：ellenpro.com

如需大量購買的特別折扣資訊，請 info@ellenpro.com 與我們聯絡。

作者已竭盡所能為本書引用的言論確認來源，但當有引用的言論出於兩位人士時，作者不包含在特定的來源中。

本出版品主要係針對所涵蓋的主題提供準確而可靠的資訊。本書的出版者不提供法律、會計或其他專業服務。如果您需要法律諮詢或其他專業協助，應尋求合格的專業人士。

｜我如何靠 600 美元打造一間百萬線上商店｜

NOTE

NOTE

NOTE

國家圖書館出版品預行編目資料

我如何靠 600 美元打造一間百萬線上商店／
Ellen Lin 著. —初版.-臺中市:白象文化,
2020.1
　　面；　公分
　　ISBN 978-986-358-877-1（平裝）
1. 電子商務　2. 創業　3. 職場成功法
490. 29　　　　　　　　　　　108013182

我如何靠600美元打造一間百萬線上商店

作　　者　Ellen Lin
校　　對　Ellen Lin
封面設計　Victoria Davies
攝　　影　Mike Allen
專案主編　林榮威
出版編印　吳適意、林榮威、林孟侃、陳逸儒、黃麗穎
設計創意　張禮南、何佳諠
經銷推廣　李莉吟、莊博亞、劉育姍、李如玉
經紀企劃　張輝潭、洪怡欣、徐錦淳、黃姿虹
營運管理　林金郎、曾千熏
發 行 人　張輝潭
出版發行　白象文化事業有限公司
　　　　　412台中市大里區科技路1號8樓之2（台中軟體園區）
　　　　　出版專線：（04）2496-5995　　傳真：（04）2496-9901
　　　　　401台中市東區和平街228巷44號（經銷部）
　　　　　購書專線：（04）2220-8589　　傳真：（04）2220-8505
印　　刷　基盛印刷工場
初版一刷　2020 年 1 月
初版六刷　2022 年 6 月
定　　價　599 元

白象文化　印書小舖　出版 · 經銷 · 宣傳 · 設計
www·ElephantWhite·com·tw　自費出版的領導者　購書 白象文化生活館